Schrader-Motor-Chronik

Deutsche Ackerschlepper

Von Allgaier und Eicher bis Lanz und Schlüter 1946-66

Schlüter
AB 32 0032

Schrader-Motor-Chronik

Deutsche Ackerschlepper

Von Allgaier und Eicher bis Lanz und Schlüter 1946-66

Eine Dokumentation von Wolfgang Gebhardt

Schrader Verlag

ISBN 3-613-87144-0

3. Auflage 1997

Lektorat: Mila Schrader
Herstellung: Stefanie Götz
Repro: Repro Schmid, 70469 Stuttgart
Druck: Studio-Druck, 72622 NT-Raidwangen
Bindung: K. Dieringer, 70839 Gerlingen
Printed in Germany

Inhalt

Vorwort

Dieser Band der Schrader-Motor-Chronik stellt Ackerschlepper der Nachkriegszeit bis 1966 vor, mit denen die Motorisierung der deutschen Landwirtschaft vollzogen wurde. Wolfgang Gebhardt, Verfasser der Taschenbücher »Deutscher Schlepperbau«, präsentiert mit dieser Dokumentation ausgereifte Modelle traditionsreicher wie auch in der Nachkriegszeit neu gegründeter Firmen, dazu technisch interessante, funktional mitunter zu weit vorausgeeilte Modelle. Mit einer Auswahl vieler inhaltlich wie graphisch aussagestarker Werbemittel aus dem Archiv von Wolfgang Gebhardt und Klaus Vollmar wollen wir die Erinnerung an eindrucksvolle Konstruktionen dieser Epoche wiederbeleben, wobei es allerdings kaum möglich ist, auf knappem Raum eine vollständige Historie der einzelnen Marken und Modelle darzustellen; dies würde den Rahmen dieses Buches sicher sprengen.

Halwart Schrader

MAN-Werbung im Jahre 1956 für den 40-PS Allradschlepper D 40 A.

Im Jahre 1945 hinterließ die »tausendjährige« Herrschaft ein zerstörtes, zerstückeltes Land. Ausgebombte Wohnhäuser und Fabrikgebäude, eine nicht mehr intakte Infrastruktur, Mangel an Rohstoffen und Fertigprodukten, Lebensmittelrationierung und ein blühender Schwarzmarkt kennzeichneten die Situation. Millionen Menschen suchten eine neue Heimat, eine bescheidene Unterkunft, Arbeit und vor allem Nahrungsmittel.

Zwar hatte das Potsdamer Abkommen vorgesehen, das verbliebene Deutschland als eine wirtschaftliche Einheit zu betrachten; aus den vorwiegend landwirtschaftlich ausgerichteten Gebieten der Sowjetischen Besatzungszone sollten Lebensmittel in die mehr industriell geprägten Westzonen geliefert werden. Diese Vorstellung von der wirtschaftlichen Einheit der vier Besatzungszonen scheiterte jedoch wegen des sich zuspitzenden Ost-West-Konfliktes.

Hatz-Schlepper beim Finish auf der Taktstraße 1961.

Da die amerikanische Besatzungsmacht große Nahrungsmittelkontingente zur Kaloriensicherung in die Westzonen liefern mußte, gewann dort der Wiederaufbau der Landwirtschaft und der Landmaschinenindustrie an Bedeutung. Unterstützt wurde die Bevorzugung dieses Industriezweiges durch die Ideen des Politikers Henry Morgenthau, die zwar nicht zur offiziellen US-Deutschland-Politik wurden, aber wesentlich die Besatzungspolitik der amerikanischen Verwaltung bestimmten. Der westliche Industrieplan von 1947 sah daher eine jährliche Produktion von mindestens 16.500 Schleppern vor. Auf Reparationen in diesem Bereich sollte, abgesehen von Zwangslieferungen (zum Beispiel durch Gutbrod und Normag) verzichtet werden.

Dieser Produktionszielsetzung standen jedoch erheblich zerstörte westdeutsche Traktorenschmieden gegenüber. Das Lanz-Werk, einst Europas größte Fabrik für Schlepper, Dreschmaschinen und Bodenbearbeitungsgeräte, war zu 90 Prozent ausgeschaltet worden. Der Schlepper-Montagebereich des Hanomag-Werkes hatte Zerstörungen von 60 Prozent zu verzeichnen. International Harvester (IHC) in Neuss war zu 65 Prozent zerstört. Auch das Kölner Klöckner-Humboldt-Deutz-Schlepperwerk konnte ab 1946 nur eine beschränkte Produktion des »Elfer-Deutz« in Gang setzen.

Anfängliche Demontagen hatten wiederum die kleinen Traktorenhersteller geschwächt, zumal diese Fabriken auch in die Rüstungsfertigung eingespannt gewesen waren.

Die Notwendigkeit also, die verbliebene landwirtschaftliche Fläche eines Landes mit hohem Bevölkerungsanteil intensiv für die Ernährungssicherung zu nutzen, führte rasch zur Wiederaufnahme einer – wenn auch durch Materialengpässe beschränkten – Produktion und zur Gründung neuer mittelständischer und kleiner Firmen und Motorenfabriken. Bereits 1945 verließen 647 Schlepper verschiedener Hersteller in der britischen Besatzungszone die Produktionshallen; 1946 waren es 1698 Stück, die gegen Bezugsscheine ausgeliefert wurden.

Die lieferfähigen Hersteller, darunter Deutz (Fertigung auch im Ulmer Magirus-Werk), Eicher, Fahr, Fendt, Güldner, Hanomag, IHC, Kramer, Lanz, Hermann Lanz (Hela),

Der US-Jeep in demontierter Form motorisierte vor der Währungsreform so manchen Hof. Auf dem Rahmen des Allradfahrzeugs saß vorne ein Einzylindermotor.

Normag-Zorge, Primus-Miesbach, Ritscher, Schlüter und Zettelmeyer knüpften ab 1948-49 mit ihren Modellen in Rahmen- und Blockbauart zunächst wieder an die Vorkriegsmodelle an. Bis 1947 fertigten Fendt, Hela und Schlüter sogar noch Schlepper mit Holzgas-Generatoren.
Einige neue Anbieter sahen in der damaligen Notzeit eine Chance, aus dem riesigen Arsenal der US-Armee ausgemusterte Jeeps (oder Teile davon) für die Landwirtschaft nutzbar zu machen. Deutsche Einzylinder-Vergaser- oder Dieselmotoren ersetzten den Original-Vierzylinder unter der Haube dieser Behelfsschlepper. Für diesen Herstellungsbereich sind die Namen Abele, Autowerke Salzgitter (AWS), Bayerische Traktoren- und Fahrzeugbau GmbH (BTC), Buchholz, Eicker, Kiefel, Legner, Norddeutsche Traktorenfabrik und Ursus (Motor Pool Wiesbaden) zu nennen.
Die Währungsreform am 21. Juni 1948 ließ trotz beschränkter Rohstoffzuteilung einen Boom von Schleppermodellen verschiedener Konstruktionen entstehen, der den Nachholbedarf sichern half. Ein Kampf um die Motorisierung jener landwirtschaftlichen Betriebe, die noch mit Pferden arbeiteten, setzte ein. Kennzeichnend für viele Newcomer wie Bischoff, Ensinger, FAUN, Kögel, LHB, Röhr, Sulzer, Wahl und Wesseler war die Konfektionierung von Schleppern aus Fremdmotoren und -getrieben sowie weiteren zugekauften Teilen. Einzig die Blechteile für die Kotflügel und die Motorhaube gaben den Fahrzeugen ein differenziertes Aussehen, selbst wenn auch hier auf Teile anderer Hersteller zurückgegriffen wurde. Diese Fahrzeuge erreichten eine meist nur lokale Verbreitung. Unter die Schar der etablierten Marken reihten sich die Firmen Allgaier, Bautz, Gutbrod, Hatz, MAN, MIAG, Stihl und Zanker ein. Deuliewag, Normag, Orenstein & Koppel (O & K beziehungsweise MBA) und Primus wurden in den Westzonen neu gegründet. Andere Hersteller, so die Bayerische Landmaschinen- und

Kraftfahrzeug GmbH (Marke Alpenland), Erkelenz/Ursus, Hofmann, Holder, Hummel, Irus, Kühner & Berger, Metallwerk Creussen und Ruhrstahl versuchten mit einer Fülle neuartiger Konzeptionen Kunden zu gewinnen. Allerdings konnten die zumeist unausgereiften Modelle, ausgenommen die der Marke Holder, wenig überzeugen. Hinzu kam, daß ihnen meist die Mittel für eine rationelle Produktion
fehlten.

Daimler-Benz setzte auf den »Unimog«, ein Allradfahrzeug mit gleichgroßen Rädern, einem verkleideten Fahrerplatz über der Vorderachse und einer kleinen Pritsche. Das zwar aufwendig, aber überzeugend konstruierte Modell wurde ein immer wieder verbessertes und konkurrenzloses Standard-modell auf dem Schleppermarkt. Zwar verursachte der Material-Teuerungszuschlag während des Korea-Krieges einen Preisanstieg, jedoch konnten die Schlepperfirmen bald immer größere Stückzahlen fertigen. Allerdings setzte eine erste Auslese ein, da die großen Hersteller wie Lanz, Deutz und Hanomag wieder vollauf lieferfähig waren. Um auch dem Kleinbetrieb einen verhältnismäßig teuren Schlepper verkaufen zu können, ersannen verschiedene Firmen universell einsetzbare Modelle. 1954 trat die Firma Lanz zum Beispiel mit dem »Alldog«-Schlepper auf den Markt. Hier handelte es sich um einen Geräteträger mit zwei Holmen, über denen eine Pritsche und am Heck Fahrerplatz und Motor angebracht waren. An diesem leider motortechnisch problematischen Fahrzeug ließen sich verschiedene Bodenbearbeitungsgeräte anbauen. Eicher und Fendt griffen dieses Konzept erfolgreicher auf. Einen anderen Weg wählten Allgaier, Bautz, Hanomag, Fahr, Güldner, Wahl und Wesseler: Sie stellten sogenannte Tragschlepper in Wespentaillen-Bauart her, bei welcher der Blockbau-Schlepper durch ein Mittelstück zwischen Motor und Getriebe aufgelockert wurde. Geräte konnten nun vorne, zwischen den Achsen und im Heck eingebaut und vom Fahrer bedient werden. Einen revolutionären Weg beschritt dabei Allgaier (später Porsche-Diesel) mit der Verwendung luftgekühlter Viertaktdiesel (später im Baukastensystem), die über eine Strömungskupplung ihre Kraft auf das Getriebe übertrugen. Der niedrige Preis des formschönen, modernen und im Großserienbau gefertigten Porsche-Schleppers zwang die anderen Hersteller zu beträchtlichen Preissenkungen!

In den fünfziger Jahren begann ein Wettbewerb zwischen luft- und wassergekühlten Motoren. Eicher präsentierte 1948

Großer Beliebtheit erfreuten sich die von Allgaier und später von Porsche-Diesel gefertigten luftgekühlten Porsche-Schlepper.

Eine Weiterentwicklung des Schleppers stellt der Geräteträger als Universalfahrzeug für den Transport und für Pflegearbeiten dar.

den ersten luftgekühlten Motor in einem Schlepper; Deutz, Hatz, MWM, Porsche-Diesel und Schlüter folgten.
Ein anderes technisches Konzept entwickelte die Firma Stihl, indem sie ebenfalls bereits 1948 einen kleinen luftgekühlten Zweitaktdiesel verwendete. Auch Hanomag griff 1953 diese Technik auf und rüstete seine Schlepper teilweise mit kleinvolumigen Zweitakt-Dieselmotoren aus. Zwar erzielten diese Triebwerke hohe Literleistungen, aber mangelhafte Standfestigkeit im Dauerbetrieb führten zu ständigen Malaisen. Die Hanomag-Traktorenfabrik wurde durch diese Fehlkonstruktion nahezu ruiniert, so daß man wieder auf den Viertakter zurückgriff. Eine interessante Konstruktion legte Normag vor, indem dieses Werk den Zweitakter mit eine Spülkolben ergänzte, der die Füllung des Zylinders erhöhte. Im Hinblick auf die Aufladung versuchte Hanomag, einen Viertakter mit einem Rootsgebläse zu versehen, um den Motor auf die stärkere Belastung im Mähdrescherbetrieb abzustellen.
Lanz ging bei seinen einzylindrigen Motoren stufenweise vom Glühkopfsystem zum Dieselprinzip über. Doch bald waren die finanziellen Mittel dieser traditionsreichen Firma erschöpft; man war gezwungen, sich nach einem starken Partner umzusehen. Der US-Konzern John Deere griff zu.
Der Traktionserhöhung des Schleppers im Forstbetrieb dien-

ten erstmals serienmäßige Allradantriebe. Eicher und auch MAN rüsteten einzelne Baureihen damit aus und erregten dadurch großes Aufsehen. Die Verkaufszahlen blieben allerdings wegen der hohen Preise bescheiden. Ein weiterer Schritt in der Antriebstechnik war dann die Verwendung eines Automatikgetriebes in einem Eicher-Schlepper. Neben dem Zapfwellenanschluß am Front- und Heckbereich vervollkommneten zunächst mechanische, später hydraulische Kraftheber die Universalität des modernen Schleppers. Die einst obligate Riemenscheibe entfiel: hierfür hatte man inzwischen andere Lösungen gefunden.
Nachdem schon zu Beginn der fünfziger Jahre ein Teil der neuen Hersteller wegen einer viel zu teuren Produktion und unzulänglicher Vertriebsnetze ausgeschieden war, nahm um 1956-57 die nächste Auslesewelle ihren Lauf: Kögel, LHB, Norddeutsche Traktorenfabrik, Normag, Röhr, Ursus sowie Allgaier und Zettelmeyer stellten die Schlepperherstellung ein. Die 1957 einsetzende EWG-Agrarpolitik mit dem Trend zu Großbetrieben erzwang trotz teilweise guter Exporterfolge die Produktionsaufgabe weiterer Fabrikate. Zu ihnen gehörten Bautz, Fahr, Hatz, Hummel, Irus, G. Kelkel, MAN, Porsche-Diesel, Primus, Ritscher, Sulzer, Titus, Wahl und Wesseler. Mit den Großserienherstellern konnten oder wollten sie nicht mehr mithalten, zumal allmählich eine Sättigung des Marktes erreicht war.
Am Ende des in diesem Buch behandelten Zeitraumes blieben nur die Fabrikate Daimler-Benz, Eicher, Fendt, John Deere (ehemals Lanz), Güldner, Hanomag, IHC, Klöckner-Humboldt-Deutz, Kramer, Hela und Schlüter übrig. Als Hersteller spezieller Fahrzeuge hatten sich daneben Agria, Gutbrod, Holder, Krieger, Schanzlin und Schneider etabliert. Aber auch all diesen Produzenten war aus heutiger Sicht.

Konfektionsschlepper versorgten zunächst einen aufnahmefähigen Markt. Nach der Sättigung hatten sie jedoch keine Chance mehr.

Leichte Tragschlepper für den Nebenerwerbslandwirt oder als Zweitgerät kamen in den fünfziger Jahren auf.

Paradestück höchster technischer Entwicklung in Ausstattung und Motorisierung war zum Beispiel die Fendt-Favorit-Baureihe um 1960.

das Schicksal wenig günstig gestimmt. Man darf sagen, daß nahezu alle Marken, deren Namen dem Schlepper-Liebhaber das Herz höher schlagen lassen, nicht mehr existieren.In der sowjetischen Besatzungszone waren die Produzenten Primus, Maschinenbau und Bahnbedarf AG (MBA), vormals Orenstein & Koppel, kriegs- und demontagebedingt verschwunden. Im Normag-Werk, inzwischen als Allgemeiner Bagger- und Schwermaschinenbau/ABUS firmierend, setzte man noch bis 1948 396 Normag-Schlepper mit Holzgas- und Dieselantrieb zusammen. Einige Exemplare mit V-Zweizylindermotor kamen aus dem Brandenburger Traktorenwerk, die der ehemaligen MBA-Konstruktion entsprachen. Der aus Breslau ausgelagerte Maschinenpark des FAMO-Schlepperwerkes konnte zunächst in den teildemontierten Horch-Werken zur Fertigung des soliden, mittelschweren, vierzylindrigen »Pionier« genutzt werden, bis die Fertigungsanlagen auf Geheiß der Leitung in Ost-Berlin nach Nordhausen in das ehemalige Orenstein & Koppel-Werk verlagert wurden. 20.123 Pioniere fertigte man dort von 1950 bis 1956. Mit dem wasser- und später luftgekühlten weiterentwickelten FAMO-Ursprungsmotor in zwei- und dreizylindriger

Ausführung entstanden danach verschiedene mittlere Schleppertypen der Famulus-Baureihen.
Mit diesen Schleppertypen entsprach man zwar der Parzellierung der teilweise großflächigen Landwirtschaft, doch konnten sie nicht in annähernd aureichender Zahl gefertigt werden. Nach sowjetischem Vorbild sollten die Maschinen- und Traktoren-Stationen (MTS) mit ihren Traktoristen mit wenigen Einheitstypen auskommen, um eine ökonomische Serienfertigung und Ersatzteilversorgung zu ermöglichen. Gleichzeitig sollte mit der Neuproduktion der überalterte, vielfältige Maschinenpark westdeutscher Marken ersetzt werden, da durch das Kappen der Handelsbeziehungen nach der Berlin-Blockade keine Ersatzteile mehr erhältlich waren. Dem in den fünfziger Jahren einsetzenden Marsch zur Planwirtschaft mittels Kollektivierung der Landwirtschaft durch LPG-Großbetriebe entsprachen die bisherigen Typen nicht mehr: Nach sechsjähriger Entwicklungszeit nahm 1967 der VEB IFA Traktorenwerke Schönebeck mit neuerrichteter Fertigungskapazität die Montage des Zugtraktors »ZT« in großen Serien auf, wobei der in Nordhausen verbesserte Vierzylinder-Einheitsmotor zum Einsatz kam. Die Getriebe steuerte der VEB Getriebewerk Gotha – ein Teil der ehemaligen Gothaer Waggonfabrik – bei.
Außer diesem Standardmodell der DDR-Landmaschinenindustrie war 1951 in Schönebeck ein interessanter Geräteträger zur Planerfüllung in Spezialkulturen entstanden, der ursprünglich die Bezeichnung »Maulwurf« trug. Das aus einem Kasten-Zentralrahmen mit heckseitiger Antriebseinheit bestehende Fahrzeug stellte eine gelungene und in der ständigen Weiterentwickung erfolgreiche »sozialistische« Konstruktion dar, die nicht nur von DDR-Agraraktivisten geschätzt wurde, sondern auch Erfolge im benachbarten Ausland erzielte.

Der Pionier war für Jahre das Standardfahrzeug der Maschinen- und Traktoren-Stationen (MTS) in der DDR.

Allgaier 18/20 PS

Der Allgaier-Werkzeugbau GmbH in Uhingen/Württ. begann 1946 mit der Herstellung von Ackerschleppern. Die Firma Kaelble hatte hierzu einen Verdampfer-Diesel entwickelt. Der Erfolg für Allgaier kam mit der Lizenzfertigung des luftgekühlten und sehr preiswerten Porsche-Schleppers. 1956 gab Allgaier die Montage an den Porsche-Diesel-Motorenbau ab und verlegte sich auf den Werkzeugbau für die Automobilindustrie.

Allgaier bot 1949 mit diesem Prospekt einen Ackerschlepper mit Einzylinder-Viertaktdiesel, Verdampfungskühlung und elastischer Keilriemenübertragung zum Getriebe an; eine Kaelble-Lizenz.

Der neue

ALLGAIER

DIESEL-SCHLEPPER A 122

22 PS, 2-Zylinder, luftgekühlt System Porsche

Modern und elegant. / Konstruiert nach neuesten Erfahrungen von Technik und Landwirtschaft.

Mit 3 Zapfwellen; eine gangabhängig; eine mit Normdrehzahl 550 U/min.; eine vorn fahrkupplungsunabhängig mit 1000 U/min., bei Nenndrehzahl. / Zusatzgewichte vorn unter der Haube und an den Hinterrädern zur Anpassung des Schleppergewichtes an die verschiedensten Arbeiten. / Vorn Pendelachse mit Einzelradfederung. / Spurweite verstellbar von 1250 bis 1650 mm. / Höhenverstellbare Anhängerkupplung zur besten Ausnützung der Zugleistung. / Nach allen Seiten vorzügliche Bodensicht. / Überall gut zugänglich und einfach in Wartung und Pflege. / Bewährter hydraulischer Kraftheber.

Die ideale Maschine für den fortschrittlichen Landwirt.

Ein modernes, ausgereiftes Gerät war der luftgekühlte Allgaier A 122 »System Porsche«.

ALLGAIER-Dieselschleppers A 122, System Porsche

Motor: ALLGAIER-2-Zylinder-4-Takt-Dieselmotor, luftgekühlt, stehende Anordnung, Tunnelbauweise, Leistung 22 PS, Nenndrehzahl 2000 U/min., Wirbelkammer, Einspritzpumpen und Einspritzdüsen System BOSCH, Brennstofftank 46 Liter.

Regler: Drehzahlregelung und -begrenzung durch hand- und fußverstellbaren Fliehkraftregler.

Kühlung: Luftkühlung durch Gebläse, regulierbar. Anzeige durch Fernthermometer und Warnton bei Überschreiten der zulässigen Temperaturgrenze.

Schmierung: Druckölumlauf durch Zahnradpumpe. Öldruckanzeiger. Ölreinigung durch Filter im Haupt- und Nebenstrom.

Luftfilter: Spezial-Ölbadluftfilter.

Starter: Elektrische Anlasseranlage und Vorglüheinrichtung System BOSCH, 12 Volt.

Kupplung: Einscheiben-Trockenkupplung.

Getriebe: Zahnrad-Wechselgetriebe mit 5 Vorwärtsgängen u. 1 Rückwärtsgang. Ausgleichsgetriebe als spiralverzahnte Kegelradübersetzung mit Differentialsperre. Hinterachsuntersetzungsgetriebe als geradverzahnte Stirnradübersetzung.

Achsen: Hinterachse in Portalbauweise. Vorderachse als stabile Pendelachse mit Einzelradfederung in Höhe und Spurweite verstellbar.

Bremsen: Handbremse, unabhängig auf das Getriebe wirkend. Fußbremse, als mechanische Innenbackenbremse, Lenkbremsung durch 2 Fußhebel auf je 1 Hinterrad einzeln wirkend.

Lenkung: Zahnsegment-Lenkung.

Elektrische Anlage: 2 Batterien 2 x 6 V, 84 Ah. Lichtmaschine mit Kontrolleuchte, zwei Scheinwerfer mit Fern-, Abblend- und Standlicht. 2 Schlußleuchten. Stopplicht. Steckdose für Anhängerbeleuchtung. Signalhorn.

Antriebs-Einrichtungen:
Normzapfwelle hinten mit Drehzahl 550 U/min. bei Motordrehzahl 1800 U/min., abschaltbar zum Antrieb von Erntemaschinen wie Kartoffelvollerntemaschinen, Bindemäher usw. Gangabhängige Zapfwelle hinten in allen Gängen schaltbar, zum Antrieb von ALLGAIER-Triebachsanhänger, Düngerstreuer, Sämaschine usw.
Vordere Zapfwelle, kupplungsunabhängig, Drehzahl 1000 U/min. bei Nenndrehzahl, abschaltbar, zum Antrieb von Mähwerk, Mähdreschern, Feuerlöschgeräten, Seilwinden usw.

Bereifung: Vorn: 5.00—16 Hinten: 8—24 9—24
Vorn: 5.50—16 Hinten: 10—28 8—32

Zur serienmäßigen Normalausrüstung gehören weiterhin:
Gut gefederter Fahrersitz. Hintere Kotflügel mit Beifahrersitz links. 1 Satz Werkzeug. Hintere Anhängerkupplung, höhenverstellbar zur besten Ausnützung der Zugleistung. Vordere Anhängekupplung zum Schieben von Anhängern. Ackerschiene, breite Ausführung für alle Anhängegeräte. Zapfwellenschutz. Gewichte unter der Haube. Steckdose am Schaltbrett, einpolig.

Sonderausrüstung:
Hydraulischer Kraftheber ALLGAIER, einfach wirkend, 400 mkg Arbeitsvermögen; Dreipunktgestänge in Verbindung mit dem Kraftheber für alle Anbaugeräte. Kriechgang. Mähwerk mit Mähantrieb direkt vom Motor aus über vordere Zapfwelle, abschaltbar, 5' mit Hand- oder hydraulischer Aushebung oder 6' mit hydraulischer Aushebung. Riemenscheibe, sowohl auf Normzapfwelle hinten als auch auf kupplungsunabhängige Zapfwelle vorn aufsteckbar, durch Verdrehung um 180° für Rechts- und Linksantrieb verwendbar, 220 mm Ø, 150 mm Breite. Drehzahl der Riemenscheibe an Normzapfwelle: 1480 U/min. an vorderer Zapfwelle 2400 U/min. bei Nenndrehzahl. Kotflügelsitz rechts, Zusatzgewichte an den Hinterrädern. Kraftstoffanzeiger. 2. Kraftstoffilter. Zeituhr. Betriebsstundenzähler. Zapfwellengetriebene Reifenluftpumpe. Vorderradkotflügel. **Ölhydraulische Voith-Strömungskupplung.**

Bautz 12 PS

Die Josef Bautz GmbH Landmaschinenfabrik in Saulgau/Württ. nahm in ihrem Großauheimer Werk 1948 den Schlepperbau auf. Nach dem kurzzeitigen Weiterbau des bisherigen Zanker-Modells bot Bautz leichte Ein- und Zweizylindermodelle mit Güldner- und MWM-Aggregaten an. Eine angestrebte Partnerschaft in der Union Hanomag-Bautz schlug fehl, so daß nach 25.000 produzierten Schleppern das Aus kam.

Das 12-PS-Modell mit luftgekühltem MWM-Diesel und sein Fahrer schauen vor dem Hintergrund des Saulgauer Werkes überzeugend den Prospektbetrachter an.

Bautz **12 PS AS 122**

Diesel luftgekühlt

Geringer Kraftstoffverbrauch • Weniger Wartung infolge Luftkühlung • Robustes Getriebe, das jeder Beanspruchung standhält

Ein kleiner Schlepper, der auch Ihnen Freude macht!

TECHNISCHE EINZELHEITEN:

Motor: Luftgekühlter Einzylinder-Viertakt-Dieselmotor mit direkter Strahleinspritzung und Brennraum im Kolben

Zylinder: Bohrung/Hub 98/120 mit auswechselb. Zylinder, Druckumlaufschmierung und automatischer Kipphebelschmierung

Getriebe: 5 Vorwärtsgänge, davon 1 Kriechgang, 1 Rückwärtsgang (Fabr. Bautz D.B.P.)

Hinterachse: Achskörper aus einem Stück mit eingebautem Ausgleichsgetriebe und Differentialsperre

Bremsen: Kräftige Handbremse, feststellbar, Fußbremse als Einzelradlenkbremse ausgebildet

Kraftstoff-Verbrauch: ca. 1,0 kg/Std. beim Pflügen

Bereifung:	Hinten	7 – 24 AS	8 – 24 AS	7 – 30 AS
	Vorn	4,00 – 15 AS Front	4,00 – 15 AS Front	4,50 – 16 AS Front
Abmessungen:	Länge	2345 mm	2370 mm	2420 mm
	Breite	1505 mm	1505 mm	1505 mm
	Höhe	1500 mm	1515 mm	1555 mm
Bodenfreiheit:	Unter Achse	400 mm	430 mm	470 mm

Radstand: 1550 mm

Spurweite: Vorn und hinten verstellbar 1250 – 1000 mm

Geschwindigkeiten: Bei Bereifung 7 – 24 AS

1. Gang	0,6 – 1,7 km/Std.	5. Gang	16 km/Std.
2. Gang	4,1 km/Std.	5. Gang mit Bereifung 8-24 AS (Straßengang)	17 km/Std.
3. Gang	5,8 km/Std.		
4. Gang	7,8 km/Std.	R.-Gang	4,1 km/Std.

Kleinster äußerer Wenderadius: 2,8 m (ohne Lenkbremse)

Zughakenkraft: Im 1. Gang 760 kg

Gesamtgewicht des Schleppers: 980 kg, mit Mähwerk 1090 kg, mit Zusatzgewichten 1295 kg

Bequem fahren!

Die Bautz-Vorderradfederung (Sonderausrüstung) läßt die Räder einzeln schwingen. Der Federweg ist groß. Der Lenkeinschlag bleibt unbeeinflußt.

Das bewährte Bautz-Mähwerk mit dem springenden Aufzug. Alle Antriebsteile bis z. Kurbelscheibe sind geschützt eingebaut. Die Rutschkupplung verhindert Beschädigungen, wenn Fremdkörper in den Schneidebalken kommen. Außerordentl. schneller An- und Abbau. Spielend leichtes Anheben durch den springenden Aufzug.

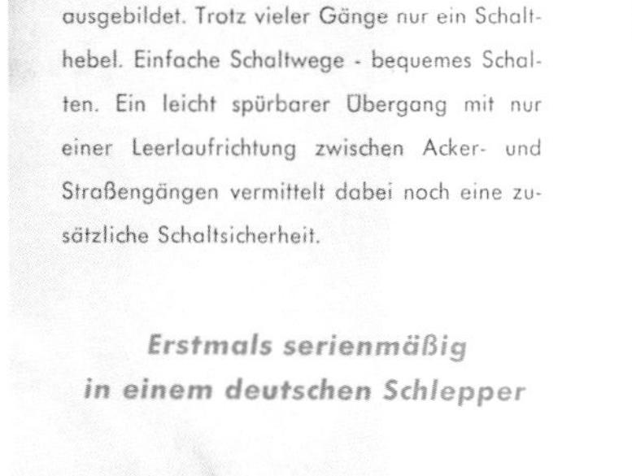

»Bautz-Typ 300 als Schlepper unserer Zeit« mit Lenkradschaltung wie beim Pkw und moderner Kotflügel-Lichtanlage. Der MWM-Motor hatte 20 PS und Luftkühlung.

Fördermittel, Bergbaumaschinen und Anhänger waren Fertigungsgebiete der Bischoff-Werke KG in Recklinghausen. 1951 übernahmen sie die Schlepperkonstruktion der Firma Ensinger. Ein-, Zwei- Drei- und Vierzylindermodelle mit MWM- und Henschel-Diesel wurden bis 1954 hergestellt.

Motor

MWM-Einzylinder-Viertakt-Dieselmotor, nach dem Wirbelkammerverfahren arbeitend mit einer Leistung von 15 PS bei 1500–1600 Umdrehungen in der Minute; 1,18 l Hubraum; Kraftstoffverbrauch 195 g/PS-Std.; Druckumlaufschmierung mit Zahnradpumpe und Spaltfilter; auswechselbare Zylinderlaufbüchse; Leichtmetallkolben; Ölbadluftfilter; Bosch-Düse; Drehzahlverstellung durch Hand- und Fußbetätigung.

Maße und Gewichte

Spurweite		1250 mm
Verbreiterte Spurweite durch Umdrehen der Felge		
	vorn	1410 mm
	hinten	1426 mm
Radstand		1485 mm
Länge über alles		2500 mm
Breite über alles		1560 mm
Höhe über alles		1550 mm
Bodenfreiheit bei Reifen 8,00–20		270 mm
Kleinster Wenderadius	innen	1000 mm
	außen	2100 mm
Höhe bis Mitte Anhängekupplung verstellbar		440–620 mm
Gewicht		1285 kg
Kraftstoffüllung	ca.	22 l
Wasserfüllung	ca.	7,5 l
Schmierölfüllung im Motor	ca.	5 l
Schmierölfüllung im Schaltgetriebe	ca.	6 l
Schmierölfüllung im Ausgleichgetriebe	ca.	7 l

Die funktionalen Teile des Biwe-Schleppers stehen hier im Vordergrund: solider MWM-Motor, Fahrerplatz, zwei Kotflügelsitze, Zugmaul und Ackerschiene. Es ist ein Typ AS 15 mit Einzylindermotor.

Die Werkzeugmaschinenfabrik Gebr. Boehringer in Göppingen hatte den Unimog (Universal-Motorgerät) entwickelt; ab 1950 fertigte die Daimler-Benz AG dieses Fahrzeug. Ausgehend von diesem Ur-Modell entstanden immer neue und verbesserte Unimog-Baureihen.

»Der Unimog leistet viel und verbraucht dabei wenig; außerdem ist er robust, unempfindlich und anspruchslos in der Pflege. Sein größter Vorzug aber: Er spart Zeit und Geld, weil er jede Arbeit leicht macht, weil man schnell fahren und zu jeder Jahreszeit geschützt arbeiten kann.« So warb Daimler-Benz für den Alleskönner.

Deuliewag

Deuliewag Maschinen- und Apparatebau GmbH, einst in Berlin-Tegel ansässig, wagte 1948 einen Neuanfang in Lübeck-Siems und in Hamburg. Straßenzugmaschinen und Ackerschlepper verließen in nur bescheidenen Stückzahlen die Montagehallen. Die Entwicklung des fortschrittlichen Allradschleppers Record D 22 V mit gleichgroßen Rädern, hydraulischem Kraftheber und einer Tragvorrichtung für Geräte erschöpfte bald die Finanzmittel der Deuliewag, so daß man 1952 die Fahrzeugfertigung aufgab.

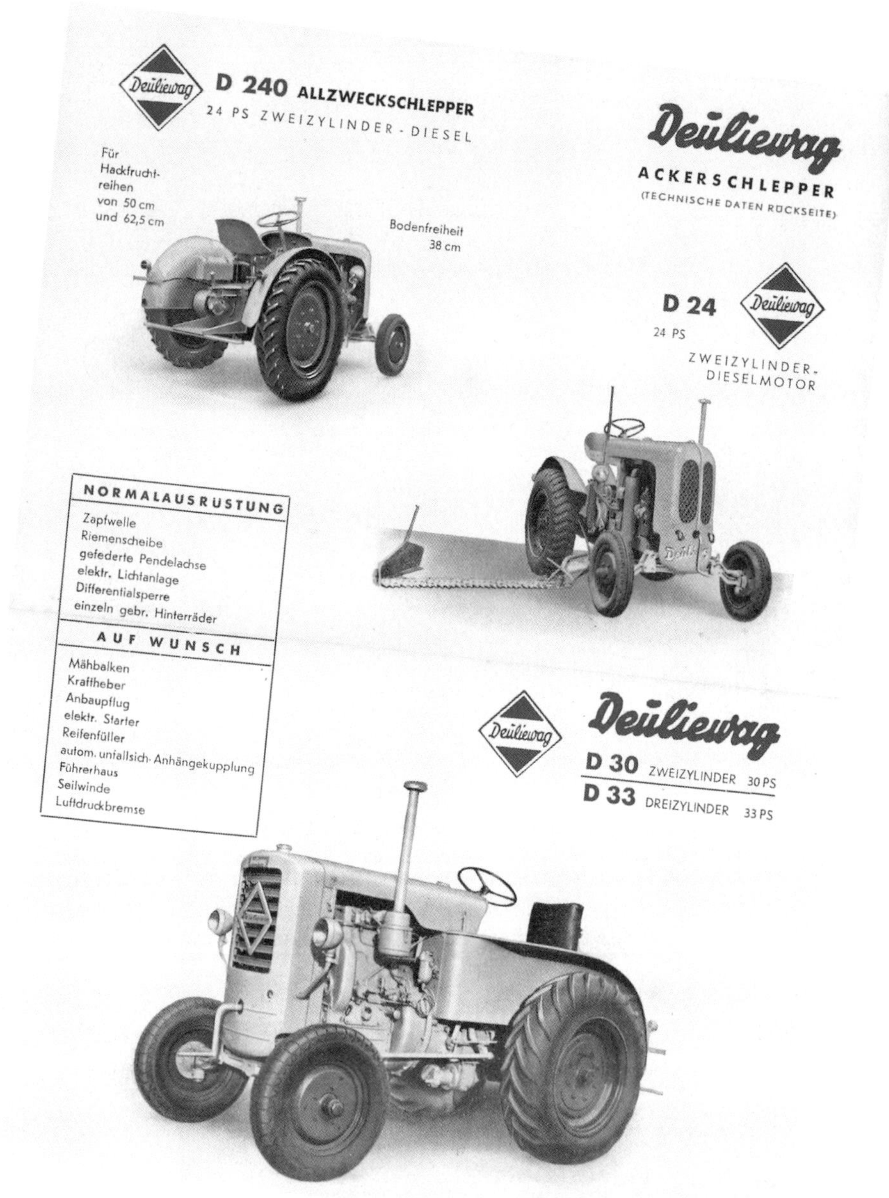

Mit nierenförmigem und mit kastenartigem Grill mit einem Deuliewag-Rhombus verkleidete man die Schlepper D 15, D 24 und D 35, die Deutz-, MWM- und Güldner-Motoren besaßen.

Die Gebrüder Eicher Traktoren- und Landmaschinenwerke GmbH in Forstern bei München konnten 1948 wieder ihr Vorkriegsmodell bauen. Erstmals kam jetzt ein eigener, luftgekühlter Viertaktdiesel zum Einbau. 1962 stand eine komplette luftgekühlte Reihe mit bis zu vier Zylindern zur Verfügung. Die graublauen Schlepper mit der Einzelzylinder-Kühlung kamen auf hohe Zulassungszahlen. Das vielfältige Programm umfaßte schließlich auch sechszylindrige Schlepper, Pflüge, Gabelstapler, Zugmaschinen und Lastwagen. Heute kommen Eicher-Spezialtraktoren aus Weigsdorf/Köblitz in der Lausitz.

DER NEUE 22 PS EICHER-DIESEL-SCHLEPPER ED 22

wurde den Forderungen der Praxis entsprechend mit dem luftgekühlten Original-Eicher-Dieselmotor ausgerüstet.

Seine bekannte Wirtschaftlichkeit, die sich aus dem geringen Kraftstoffverbrauch und der langen Lebensdauer ergibt, zeichnet auch diesen Schlepper aus.

Durch die exakte Arbeit des Spezialreglers werden plötzlich auftretende höchste Beanspruchungen einwandfrei bewältigt ohne dem Motor zu schaden.

Dadurch ist er für den Einsatz von schwereren Anbaugeräten — Bindemähern usw. — hervorragend geeignet.

Seine Wendigkeit, die durch die Lenkbremse äußerst erhöht wird, ermöglicht einen weitgehenden Einsatz in der Forstwirtschaft.

Seine überragende Zugleistung läßt ihn zu einem unentbehrlichen Helfer für alle Landwirte werden, die hügeliges oder bergiges Gelände zu bearbeiten haben.

Auch für diesen Schlepper stehen die bekannten und bewährten Eicher-Anbaugeräte zur Verfügung.

Die Leistung des ursprünglichen Einzylinder-Diesels konnte 1955 im ED 22 auf 22 PS gesteigert werden. »Für den Einsatz mit Bindemähern ist er hervorragend geeignet«, verkündete der Prospekt.

TECHNISCHE EINZELHEITEN:

Gesamtaufbau: Motor, Getriebe und Hinterachse bilden einen rahmenlosen, robusten Block. Die Vorderachse ist doppelt gefedert und pendelnd aufgehängt. Spielend leichte Bedienung der Lenkung - kleiner Wendekreis, mit Lenkbremse 5,6 m.

Motor: 13 PS luftgekühlter EICHER-Motor, Bohrung 105 mm, Hub 150 mm, Hubraum 1298 cm³, Drehzahl 1500 U/min. Direkte Einspritzung mit Brennraum im Kolben. Schmierung: Druckumlaufschmierung.

Getriebe: Robuste Ausführung, sämtliche Teile mit größter Präzision hergestellt. 6 Vorwärtsgänge und 1 Rückwärtsgang, wobei der 1. Gang als Kriechgang ausgebildet ist. Zapfwelle nach Norm mit 540 Umdrehungen.

Das kleinste Eicher-Modell 1956 stellte der 13-PS-Typ dar. Gegenüber dem bisherigen 11-PS-Modell wurden die zusätzlichen zwei PS als »oftmals entscheidend beim Gerätekoppeln und als Kraftreserve« herausgestellt.

Größter Eicher-Schlepper war 1952 der L 40 mit 42 PS starkem, luftgekühltem Dreizylinder-Deutz-Diesel. Der eigene Motorenbau verharrte noch beim Einzylinder-Typ, der eine wirtschaftlich vertretbare Produktion ermöglichte.

Der Schlepper für größte Zugleistung

Die langjährige Bewährung der von uns gebauten luftgekühlten 17/19 PS und 30 PS Diesel-Ackerschlepper und die immer dringender gewordenen Nachfragen nach stärkeren Maschinen für hohe Leistungen und besonders für Mähdrescher haben uns veranlasst, auch

einen 42 PS Schlepper mit luftgekühltem 3-Zylinder-Dieselmotor

zu entwickeln. Dieser neue 42 PS Traktor, auch in seinem Äußeren von der früheren Konstruktion abweichend, erfüllt alle Anforderungen, die an einen Schlepper dieser Stärkeklasse gestellt werden. Ein wesentlicher Vorzug dieser Maschine ist die Luftkühlung. Durch diese ist nicht nur die Arbeitsweise, Bedienung und Überwachung des Schleppers wesentlich vereinfacht, sondern auch seine Betriebsbereitschaft erhöht worden. Der Verschleiß von Kolben und Zylinder ist gegenüber wassergekühlten Motoren auf mindestens die Hälfte verringert. Aufgrund jahrelanger Erfahrungen kann gesagt werden, daß die Luftkühlung bei Motoren eine ausschlaggebende Verbesserung in der Schlepperentwicklung darstellt.

Der Aufbau des neuen EICHER-Schleppers 42 PS entspricht im allgemeinen der bereits bekannten Konstruktionstendenz der EICHER-Schlepper. Er hat eine große Bodenfreiheit, eine **Doppelfeder-Portalachse** und eine sehr ansprechende äußere Form. Die Abstufung der fünf Vorwärtsgänge gestattet günstigste Wirtschaftlichkeit bei allen Arbeiten. Auf besonderen Wunsch kann das robuste Fünfgang-Getriebe Type A 17 auch mit einem Kriechgang ausgerüstet werden.

Eicher Mammut

Für höchste landwirtschaftliche Ansprüche war der Mammut II mit eigenem 55-PS-Vierzylindermotor gedacht. Das Armaturenbrett besaß laut Prospekttext eine »ausgeglichene Eleganz«.

Eicher-Kombi-Geräteträger war als »Schau-voraus-Fahrzeug« nach dem Zweiholmprinzip gebaut. »Ein idealer Universal-Arbeitsschlepper oder eine bevorzugte Saat- und Pflegemaschine für die Landwirtschaft«, verkündete der Prospekt von 1962.

Fahr D 25

Die Landmaschinenfabrik Fahr AG in Gottmadingen setzte 1948 mit ihrem D 22 das Vorkriegsprogramm fort. Schon rasch entwickelte man ein komplettes Programm mit ein- bis vierzylindrigen Motoren von Deutz, Güldner und MWM. Ab 1959 baute Fahr gemeinsam mit Güldner die Europa-Schlepperreihe. Nach über 100.000 gefertigten Fahrzeugen kam 1964 das Ende im Fahr-Traktorenbau.

Dieselschlepper und Erntemaschinen ergänzten sich bei Fahr. Hier ein Schlepper vom Typ D 25 mit Deutz-Diesel und ein Feldhäcksler vom Typ FH 1. Typisch für die Fahr-Schlepper war die kastenförmige Kühlermaske.

Zeichenerklärung:

1 Zapfwellenschalthebel
2 Gruppenschalthebel
3 Kupplungspedal
4 Gangschalthebel
5 Signalknopf
6 Glühanlaß-Schalter
7 Sicherungsdose
8 Öldruckwarnlicht
9 Glühmelder
10 Ladekontroll-Leuchte
11 Steuerhebel für Hydraulikpumpe
12 Schaltschloß
13 Lenkrad
14 Handdrehzahlverstellhebel
15 Handbremshebel
16 Bremspedal für Straßenfahrt
17 Auf linkes Hinterrad wirkendes Bremspedal
18 auf rechtes Hinterrad wirkendes Bremspedal
19 Fußdrehzahlverstellhebel
20 Differentialsperrhebel

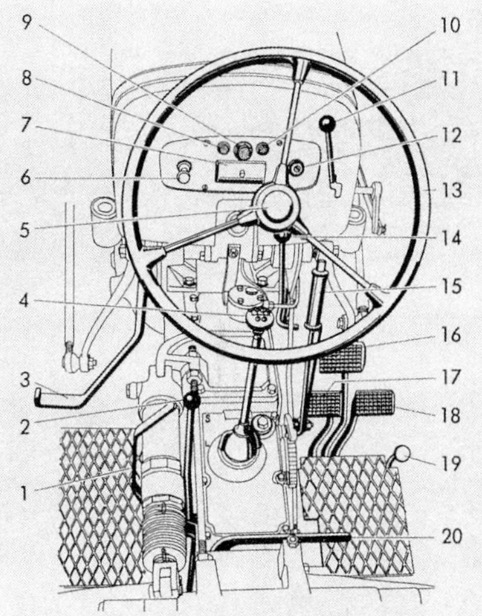

Mit schmaler Motorhaube begeisterte 1958 der D 135 den Jungbauern und den Senior. Die Jungbäuerin hört teilnahmsvoll zu...

Die traditionsreiche Lastwagen- und Zugmaschinenschmiede FAUN in Neunkirchen am Sand versuchte die Beschränkungen im Nutzfahrzeugbereich (aufgrund früherer Rüstungsproduktion) vor der Währungsreform durch den Bau von landwirtschaftlichen Fahrzeugen, darunter einem Ackerschlepper, auszugleichen. Erst nachdem die Verbote aufgehoben waren, verließen wieder alle nur erdenklichen Nutzfahrzeugtypen das Hauptwerk in Oberfranken.

FAUN

FAUN-WERKE NÜRNBERG

Motor:	Stehender Zweizylinder MWM-Viertakt-Dieselmotor mit 25 PS maximaler Höchstleistung. Drehzahlbereich von 600—1500 U/min.
Getriebe:	Blockkonstruktion starker Bauart für höchste Beanspruchung, 4 Vorwärtsgänge, 1 Rückwärtsgang, Gänge im Ölbad laufend.
Vorderachse:	Gesenkgeschmiedete Faustachse mit Schrägrollenlager, als Pendelachse ausgebildet.

Warum **FAUN:**

weil

unverwüstlich
einfach in der Wartung
hervorragend in der Zugleistu
sparsam im Verbrauch
daher wirtschaftlich
und außerdem — formschön

Der FAUN-Schlepper hat eine so gü
Achsdruckverteilung, daß ein Dur
ten der Hinterräder auch bei we
Boden praktisch ausgeschlossen is

Er spart deshalb viel Mühe und Ve

Das weit verbreitete MWM-Zweizylindertriebwerk gab dem FAUN-AS 22 mit seiner gewaltigen, Lkw-ähnlichen Haube 25 Pferdestärken. An die 55 Schleppermodelle trugen das FAUN-Emblem.

Die Traktoren- und Werkzeugmaschinenfabrik X. Fendt & Co. in Marktoberdorf hatte sich vor dem Krieg mit dem Bau des 16 bzw. 22 PS starken »Dieselross« einen Namen gemacht. Daran knüpfte Fendt nach dem Krieg an. Ab 1952 bot der Allgäuer Schlepperhersteller den Landwirten eine neue Dieselroß-Baureihe an, die 1959 durch die Modellpalette Fix, Farmer und Favorit abgelöst wurde. Die mit MWM- und Deutz-Motoren ausgestatteten Fendt-Schlepper und Geräteträger konnten über ein engmaschiges Vertriebsnetz in Spitzenpositionen aufsteigen.

Zusätzliche Ausrüstung:

Fendt-Dreipunkt-Handregelhydraulik: Blockbauweise, Hubkraft an der Ackerschiene 1200 kg, genormte Anschlüsse nach DIN 9674, Hubstreben und oberer Lenker verstellbar; Dreipunkt-Anhängeschiene.

Fendt-Mähwerk 4½ oder 5'.

Allwetterverdeck mit Fronteinstieg und Panoramascheibe, **Anbau-** oder **Dreipunktseilwinde, starre Anhängeschiene, asymmetrisches Abblendlicht, Belastungsgewichte, Handlampe, Kipperanschluß, Kotflügelsitz rechts, Lenkradsperre, Reifenfüllanlage, Riementrieb** 1905 U/min., **Segmentgitterräder** für Bereifung 8—28, 8—32 und 9—30, **heizbares Sitzkissen, Startostop, Suchscheinwerfer, Zigarrenanzünder** u. a. m.

Der Fendt-Fix 2 ist ein moderner Schlepper, bei dem eine technisch ausgereifte Konstruktion mit Formschönheit und Fahrkomfort vorteilhaft vereint wurde. Die schnittige Motorhaube mit eingebauten Scheinwerfern prägt die moderne Linie dieses Schleppers. Die Dauerleistung des luftgekühlten Motors beträgt 20 PS. Das robuste Fendt-Getriebe verfügt über 6 Vorwärts- und 2 Rückwärtsgänge. Zusätzlich kann der Fix 2 mit 3 Superkriechgängen und 1 Rückwärtskriechgang ausgerüstet werden. Die Fendt-Handregelhydraulik ermög-

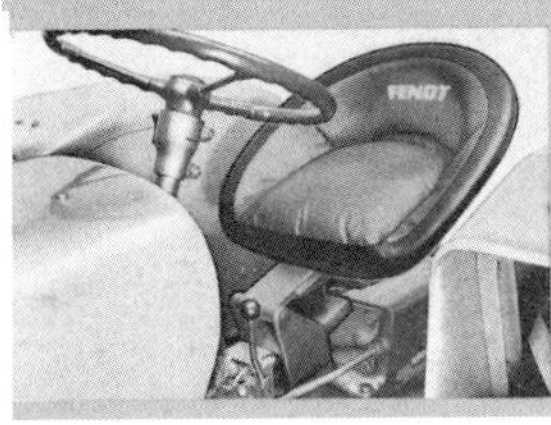

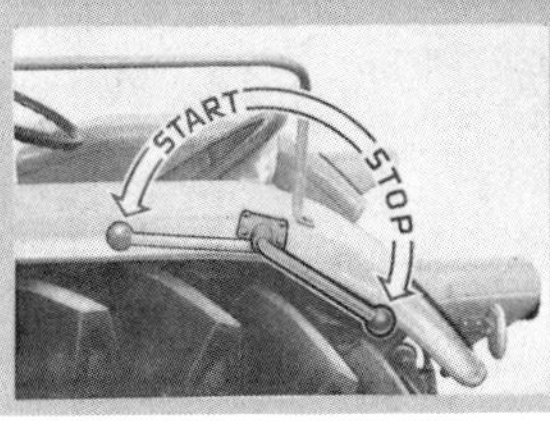

Startostop. Mit einem einzigen Bedienungshebel läßt der Schlepperfahrer vom Boden aus den Fix 2 anfahren oder halten. Bei Lade- und Entladearbeiten erspart Startostop eine zweite Arbeitskraft.

1959 wartete Fendt mit einem neuen Schlepperprogramm auf. Die bewährten Dieselrosse ersetzte man durch die eleganteren und leistungsfähigen F-Typen. Hier der Fix 2 mit 20 PS.

Fendt Farmer 2

Unter der eleganten Rundhaube des Farmer 2 arbeitete ein wassergekühlter, 38 PS starker Dreizylinder-Diesel von MWM. Das robuste Halbsynchrongetriebe besaß 8 Vor- und 4 Rückwärtsgänge.

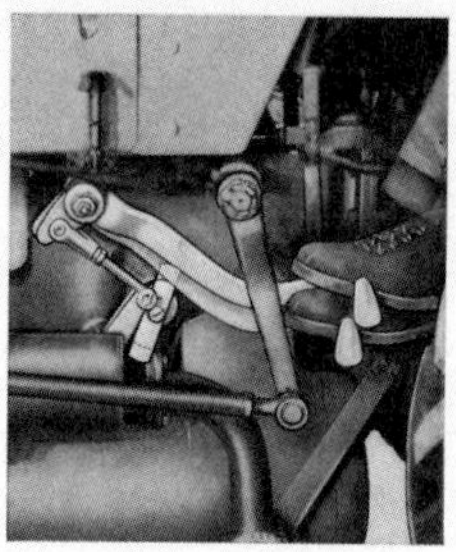

Durch ein neuartiges Rückholsystem bei der bewährten Tornado- Duplex-Kupplung ist der Übergangspunkt von der Fahr- zur Zapfwellenkupplung bei geringer Fußkraft besonders deutlich ausgeprägt. Beide Kupplungen werden mit nur einem Pedal bei abgestuftem Pedalweg betätigt.

Der Farmer 2 kann auf Wunsch mit einer hydraulischen Vierradbremse ausgerüstet werden. Die zusätzliche hydraulische Vierradbremse bietet durch ihre starke, gleichmäßige und unfallsichere Bremswirkung besonders in Hanglagen gesteigerte Fahrsicherheit.

Die fahrkupplungsunabhängige Motorzapfwelle leistet bei der Nenndrehzahl des Motors 550 U/min. und bei der Schnellstufe 1100 U/min. Beide Zapfwellendrehzahlen werden bei günstigster Motorleistung erreicht und sind mit einem Hebel schaltbar.

Motor: 38 PS (DIN), 3 Zylinder, Hubraum 2010 ccm, Viertakt-Vorkammer-Verbrennungsverfahren, automatische Spritzverstellung, Wasserumlaufkühlung mit Zweikreis-Thermostat, Bosch-Einspritzpumpe, Schmierölfeinstfilter, Kraftstoffbehälter ca. 40 l, Traktormeter.

Getriebe: Robustes Halbsynchron-Getriebe mit günstig abgestuften 8 Vorwärts- und 4 Rückwärtsgängen; besonders leicht und gut schaltbar. Superkriechgang. Ausgleichsgetriebe im Hinterachsvorgelege. Differentialsperre.

Geschwindigkeiten: (bei Nenndrehzahl des Motors)

	Normalgang-Ausführung	**Schnellgang-Ausführung**
1. Gang	ca. 1,2 km/h	ca. 1,8 km/h
2. Gang	ca. 2,2 km/h	ca. 3,2 km/h
3. Gang	ca. 3,5 km/h	ca. 5,3 km/h
4. Gang	ca. 4,5 km/h	ca. 6,8 km/h
5. Gang	ca. 5,8 km/h	ca. 8,5 km/h
6. Gang	ca. 8,0 km/h	ca. 11,5 km/h
7. Gang	ca. 12,5 km/h	ca. 19,0 km/h
8. Gang	ca. 20,0 km/h	ca. 30,0 km/h
1. Rückwärtsgang	ca. 2,2 km/h	ca. 3,4 km/h
2. Rückwärtsgang	ca. 3,7 km/h	ca. 5,8 km/h
3. Rückwärtsgang	ca. 6,2 km/h	ca. 9,5 km/h
4. Rückwärtsgang	ca. 10,0 km/h	ca. 15,0 km/h

Superkriechgang von ca. 0,4 km/h durch Veränderung der Motordrehzahl erreichbar.

FENDT-EINMANNSYSTEM

30 PS

Dieser „Schlepper" bietet mehr!
Grundsätzliche Einmannarbeit
Vielseitige Einsatzmöglichkeiten
Beachtliche Leistungen
Arbeitskombinationen
Kurze Rüstzeiten
Temperamentvoller Dreizylinder-Viertakt-Dieselmotor
Großes Durchzugsvermögen
Ruhiger, schwingungsfreier Lauf
Leistungsstarke Fendt-Vollhydraulik
Beachtlicher Fahrkomfort

Ein Mann verwendet Düngerstreuer, Grubber und Egge im gleichen Arbeitsgang. Segment-Gitterräder vermeiden schädlichen Bodendruck.

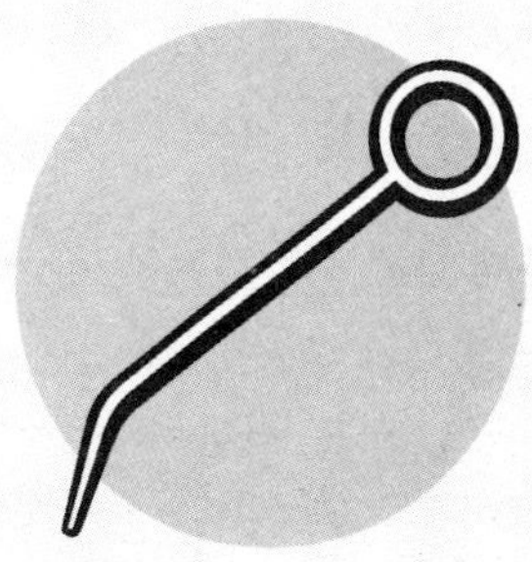

Dieser Bedienungsdorn ist der einzige Helfer für den An- und Abbau der Arbeitsgeräte. Weder Hammer noch Schraubenschlüssel oder andere Werkzeuge sind erforderlich. Die Befestigungselemente sind als Schnellverschlüsse so sorgfältig ausgebildet, daß der An- und Abbau aller Geräte bestechend einfach, sinnvoll und sehr rasch möglich ist. Eine Arbeitskraft kann allein den Fendt-Geräteträger ohne körperliche Anstrengung und außerdem in kurzer Zeit für

TECHNISCHE DATEN:

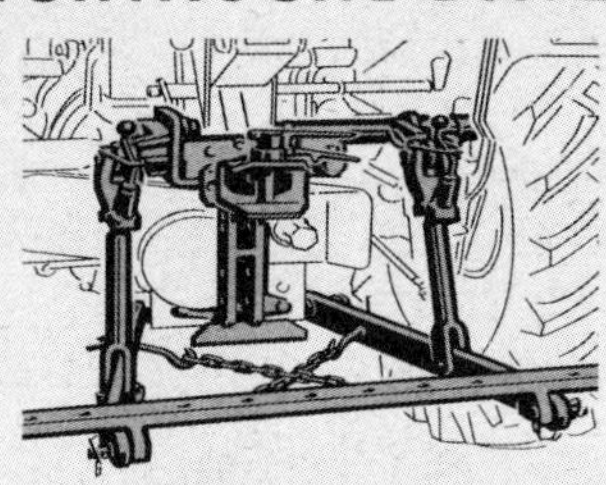

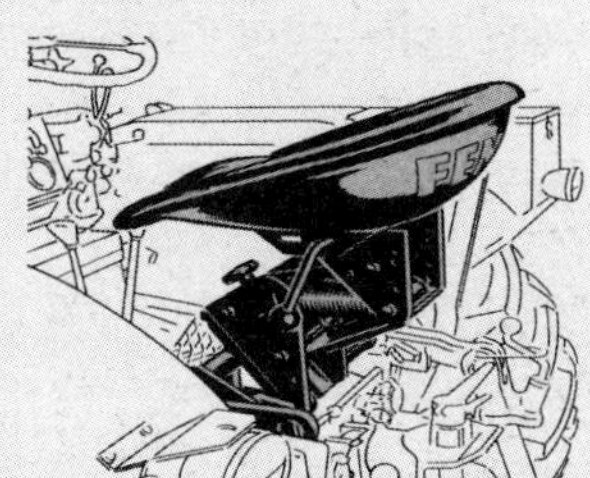

»Dieser Schlepper bietet mehr«, warb Fendt 1965 für den Geräteträger GT 30. »Grundsätzliche Einmannarbeit, vielseitige Einsatzmöglichkeiten und Arbeitskombinationen« zeichneten das Universalfahrzeug aus.

Der Güldner-Deuliewag-Einheitstyp der Vorkriegszeit stellte 1946 den Wiederbeginn der Schlepperfertigung der Güldner-Motoren-Werke AG dar. Ein Programm mit ein- zwei- und dreizylindrigen Schleppern wurde erstellt. Zusammen mit Fahr erschien 1959 die Europa-Reihe mit den Modellen Spessart, Tessin, Burgund, Toledo und Gotland. 1963 wartete Güldner mit einer neuen Typenreihe auf; allradgetriebene Fahrzeuge und bis zu sechszylindrige Motoren sollten den Absatz der Güldner-Schlepper sichern, doch nach 100.000 gefertigten Einheiten mußte 1969 der Schlepperbau aufgegeben werden.

Technische Angaben für den Güldner-Dieselschlepper ADN

Motor:	stehender Güldner-2-Zylinder-Viertakt-Dieselmotor, 16 PS Leistung, Spezial-Ölbad-Luftfilter; Kühlwasser-Thermostat.
Elektrische Ausrüstung:	kompl. Lichtanlage, 12-Volt-Lichtmaschine, 75 Watt; Scheinwerfer; Schlußleuchten; Bremsleuchte; Anhängersteckdose; Signalhorn.
Elektrische Anlaßvorrichtung:	kompl. mit Vorglühanlage und 12-Volt-Batterie, 70 Amp.-Std.
Fahrgestell:	rahmenlose Blockkonstruktion.
Vorderachse:	gefederte Pendel-Schwingachse.
Kupplung:	F & S-Einscheiben-Trockenkupplung.

Die Motorkennung stand zunächst gleichzeitig für die Schlepperbezeichnung. 16 PS gaben dem grünlackierten Schlepper ADN mit dem Haifisch-Grill seine Kraft.

Gesellschaft für Linde's Eismaschinen Aktiengesellschaft Telefon 5881-86
Fernschreiber 041/8865
Zweigniederlassung **Güldner-Motoren-Werke Aschaffenburg** Telegr.-Adresse: Telex 041/8865 Güldnermotor Aschaffenburg

Ende der fünfziger Jahre präsentierte Güldner die Europa-Reihe, entwickelt für die neuen EWG-Länder. Eigene luftgekühlte Motoren gaben den zwei-, drei- und vierzylindrigen Schleppern die erforderliche Kraft.

Gutbrod Farmax

Mit dem Gutbrod-Universalschlepper Farmax, einem ersten Geräteträger, stieg die einstige Motorrad-, Pkw- und Lieferwagenfabrik in den Traktorenmarkt ein. Der Farmax konnte noch nicht überzeugen; größere Serien zwei- und dreizylindriger Schlepper entstanden dann für den Export nach Frankreich. 1960 kehrte die Gutbrod GmbH in Bübingen/Saar in den Schlepperbereich zurück, diesmal als erfolgreicher Hersteller von kleinen Spezialtraktoren für Kulturen und Kommunalbetriebe.

Vollsicht auf alle Geräte

Die Sicht auf die Arbeitsgeräte ist bei diesem neuartigen Fahrzeug in vollendeter Weise gelöst. Durch die Konzentration des gesamten Triebwerks zwischen die Hinterräder und durch die ebenso stabile wie elastische Skelettbauweise des gesamten Fahrgestells wird bei herausgenommenem Pritschenboden volle Sicht auf die vorderen Arbeitsgeräte erzielt. Der Pritschenboden ist fünfteilig und kann je nach Bedarf ausgehoben werden. Die Seitenwände sind ebenfalls leicht abnehmbar.

Erster Nachkriegs-Geräteträger bzw. Universalmaschine war der Gutbrod Farmax, der pflügen, transportieren und viele Pflegearbeiten ausführen konnte; angetrieben von einem eigenen Vergaser- oder einem F & W-Einzylinder-Dieselmotor.

Als eine der ältesten Lokomotiven-, Nutzfahrzeug- und Schlepperfabriken konnte die Hannoversche Maschinenbau AG (Hanomag) schon 1946 wieder ihren altbewährten R 40 (mit dem bereits 1931 gebauten) Vierzylinder-Diesel auf die Räder stellen. Mit einem kompletten Programm, einem gut organisierten Händlernetz und technischen Besonderheiten wie einem Frontlader und einem hydraulischen Kraftheber erreichte Hanomag erneut die erste Position auf dem deutschen Schleppermarkt. 1953 setzte Hanomag auf den hochgezüchteten Zweitakter mit einer Gebläse-Umkehrspülung, der in die neuen Tragschlepper eingesetzt wurde.
Beachtliche Stückzahlen dieses Combitrac-Systems konnten zunächst abgesetzt werden doch zahlreiche Reklamationen führten zu einem dramatischen Umsatzrückgang und zur Wiederaufnahme der Viertaktmotorenproduktion. Mit den Baureihen Robust, Perfekt, Granit und Brillant stellte Hanomag ein solides Programm zur Verfügung. 1970 endete die Radschleppermontage nach über 250.000 Einheiten.

Der bewährte, seit 1936 gebaute R 40 setzte die kriegsbedingt unterbrochene Hanomag-Schlepperfertigung 1948 fort. Der 5,2-Liter-Diesel mit 40 PS stammte aus dem Jahre 1931!

Motor

Arbeitsweise	Viertakt-Dieselmotor
Zylinderzahl	Vier
Bohrung	105 mm
Hub	150 mm
Hubraum	5195 ccm
Drehzahl	1200 Umdrehungen pro Minute

Der moderne 2,8-Liter-Motor, der auch den Hanomag-Schnellaster antrieb, war hier auf 25 PS gedrosselt und mit einem eigenen Getriebe zum Radschlepper R 25 verblockt.

Mit der gewaltigen Haubenpartie, dem Schriftzug HANOMAG und der Typenbezeichnung führte der Prospekt von 1950 den neuen Typ R 45 ein. Die 5,7-Liter-Maschine löste den Uralt-Diesel ab.

TECHNISCHE EINZELHEITEN

Motor	
Art und Arbeitsweise	Vorkammer, Diesel, Viertakt
Anzahl der Zylinder	4
Durchmesser der Zylinder	110 mm — $4^{21}/_{64}$ in.
Hub	150 mm — $5^{29}/_{32}$ in.
Hubraum	5702 cm^3 — 348.0 cu. in.
Drehzahlbereich	1200 Umdr./min.
Zylinderbuchsen	auswechselbar
Schmiersystem	Umlaufpreßölschmierung mit dreifacher Ölreinigung
Kühlsystem	Umlaufkühlung mit Wasserpumpe, Kühlerthermometer
Einspritzpumpe u. -ventile	HANOMAG DRP.
Anlasser	System Bosch, 4 PS
Abmessungen	
Länge über alles	3535 mm — $139^{1}/_{4}$ in. (11 ft. $7^{1}/_{4}$ in.)
Breite über alles	1820 mm — $71^{3}/_{4}$ in. (5 ft. $11^{3}/_{4}$ in.)
Höhe bis Oberkante Handrad	1820 mm — $71^{3}/_{4}$ in. (5 ft. $11^{3}/_{4}$ in.)
Radstand	2080 mm — 82 in. (6 ft. 10 in.)
Spurweite, vorn	1380 mm — $54^{5}/_{16}$ in. (4 ft. $6^{5}/_{16}$ in.)
Spurweite, hinten	1362 mm bzw. 1450 mm — $53^{5}/_{8}$ in. bzw. $57^{1}/_{16}$ in. (4 ft. $5^{5}/_{8}$ in. bzw. 4 ft. $9^{1}/_{16}$ in.)
Bodenfreiheit	325 mm — $12^{13}/_{16}$ in. (1 ft. $^{13}/_{16}$ in.)
Zugvorrichtung über Erde obere	650 mm — $25^{9}/_{16}$ in. (2 ft. $1^{9}/_{16}$ in.)
untere	430 mm — $16^{15}/_{16}$ in. (1 ft. $4^{15}/_{16}$ in.)
Wenderadius normal nach DIN 70 020 außen	4,4 m — 173 in. (14 ft. 5 in.)
Wenderadius normal nach DIN 70 020 mit Einzelradbremse außen	3,6 m — 142 in. (11 ft. 10 in.)
Zapfwellendrehzahl	565 Umdr./min.
Riemenscheibendrehzahl	950 Umdr./min.
Riemenscheiben-⌀	425 mm — $16^{47}/_{64}$ in. (1 ft. $4^{47}/_{64}$ in.)
Schaltgetriebe/Kupplung	
Vorwärtsgänge	5 (bei Eisenrädern 4. und 5. Gang gesperrt)
Rückwärtsgang	1
Kupplung	Einscheibentrockenkupplung
Bremsen	
Einzelradbremsung	Doppelfußhebel (für Straßenfahrt gekoppelt)
Standbremse	Handbremse

Sonderausrüstungen
Hydraulischer Frontlader; Riemenscheibenantrieb, Winde mit Abstützung (Zugkraft 3500 kg — 7700 lbs.), Seillänge 50 m — 164 ft. (ca. 55 yds.), Seildurchmesser 12 mm — $^{1}/_{2}$ in.; Fahrerdach mit Windschutzscheibe; geschlossenes Fahrerhaus; Polstersitz; Rückscheinwerfer; 25-km-Getriebe (15,5 m. p. h.); Druckluftbremsanlage; Zusatzanhängeschiene für Zapfwellengeräte; Auspuff nach unten; hydraulischer Hubzylinder für Anhängegeräte.

Konstruktive Änderungen und Abweichungen vorbehalten.

Hanomag Perfekt

Überarbeitete Viertaktmotoren mit halbkugelförmigen Brennräumen (System Ricardo) sollten die Kunden nach der Enttäuschung mit den Zweitaktern von der modernen Hanomag-Motorentechnik überzeugen. Hier der Zweizylinder Perfekt 300 mit 25 PS in Wespentaillen-Bauart.

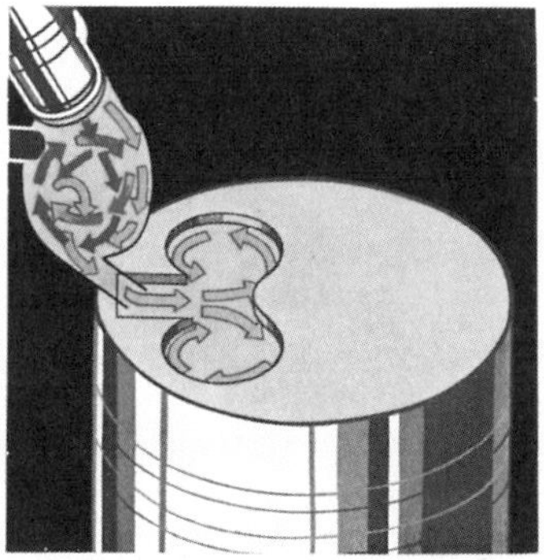

Das Geheimnis des Ricardo-Verfahrens: Besonders intensive Durchmischung von Kraftstoff und Luft, saubere Verbrennung, höherer Wirkungsgrad. Das bedeutet mehr Leistung bei geringerem Verbrauch.

Im harten täglichen Einsatz kann die Vorderachse so recht ihre Qualitäten beweisen. Um 30° beweglich pendelt sie über alle Hindernisse und hält die schädlichen Verwindungskräfte vom Schlepper fern.

Als schwerer Rahmenbauschlepper für den Mähdrescher- und den Forsteinsatz präsentierte Hanomag 1960 den Typ R 42/50. Ein Roots-Gebläse konnte die Leistung auf 50 PS erhöhen.

Hatz H 220

Die Hatz Motorenfabrik GmbH in Ruhstorff/Rott setzte 1939 mit ihrem Zweitakt-Diesel noch einige Traktoren der Marke Brummer zusammen. 1954 nahm Hatz erneut die Herstellung von Schleppern auf. Die 1955 vorgestellte neue Baureihe besaß luftgekühlte Motoren. 1961 erfolgte noch eine Überarbeitung. Nach 1964 verlegte sich Hatz wieder ganz auf die Dieselmotorenfertigung für Kleinschlepper, Baumaschinen und Aggregate aller Art.

Hatz versah ab 1955 seine Schlepper mit einzelluftgekühlten Zylindern durch überdimensionale Radialgebläse. Hier der H 220 mit 20 PS von 1961.

Bautz fertigte klassische Tragschlepper, darunter den Bautz 200 mit 15-PS-MWM-Diesel und Lenkradschaltung.

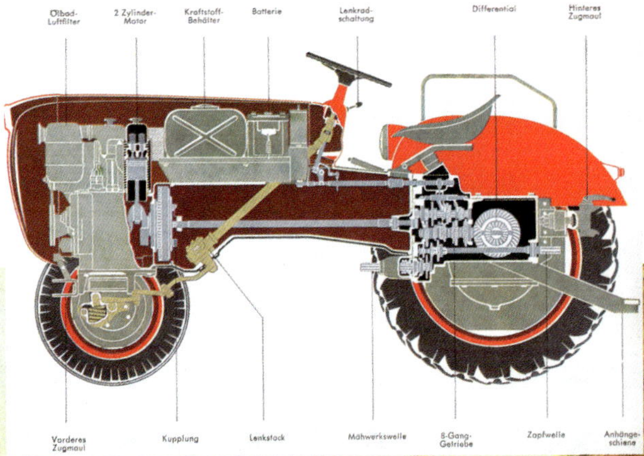

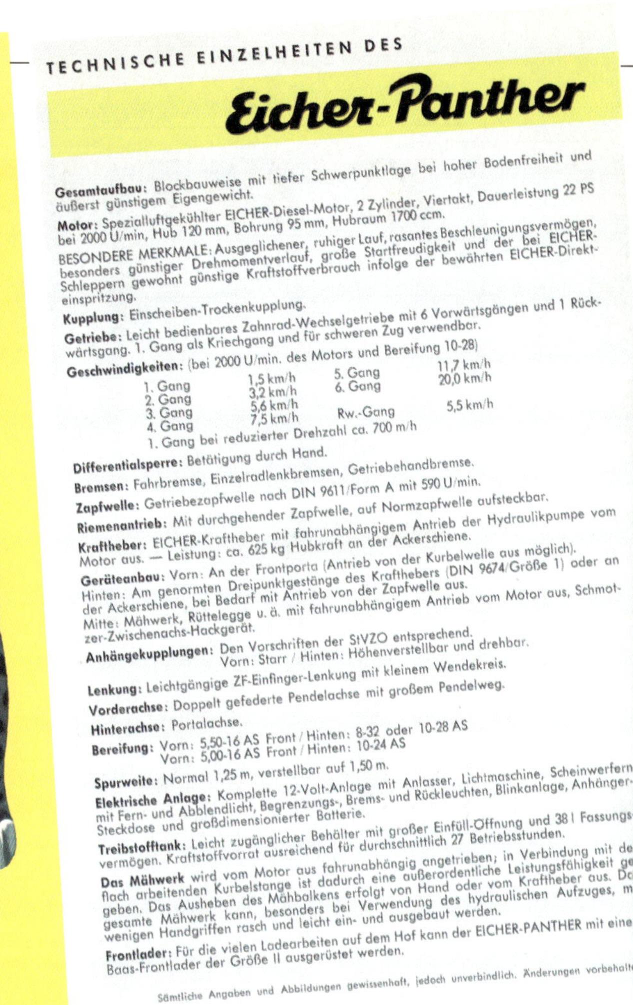

TECHNISCHE EINZELHEITEN DES

Eicher-Panther

Gesamtaufbau: Blockbauweise mit tiefer Schwerpunktlage bei hoher Bodenfreiheit und äußerst günstigem Eigengewicht.

Motor: Spezialluftgekühlter EICHER-Diesel-Motor, 2 Zylinder, Viertakt, Dauerleistung 22 PS bei 2000 U/min, Hub 120 mm, Bohrung 95 mm, Hubraum 1700 ccm.

BESONDERE MERKMALE: Ausgeglichener, ruhiger Lauf, rasantes Beschleunigungsvermögen, besonders günstiger Drehmomentverlauf, große Startfreudigkeit und der bei EICHER-Schleppern gewohnt günstige Kraftstoffverbrauch infolge der bewährten EICHER-Direkteinspritzung.

Kupplung: Einscheiben-Trockenkupplung.

Getriebe: Leicht bedienbares Zahnrad-Wechselgetriebe mit 6 Vorwärtsgängen und 1 Rückwärtsgang. 1. Gang als Kriechgang und für schweren Zug verwendbar.

Geschwindigkeiten: (bei 2000 U/min. des Motors und Bereifung 10-28)

1. Gang	1,5 km/h	5. Gang	11,7 km/h
2. Gang	3,2 km/h	6. Gang	20,0 km/h
3. Gang	5,6 km/h		
4. Gang	7,5 km/h	Rw.-Gang	5,5 km/h

1. Gang bei reduzierter Drehzahl ca. 700 m/h

Differentialsperre: Betätigung durch Hand.

Bremsen: Fahrbremse, Einzelradlenkbremsen, Getriebehandbremse.

Zapfwelle: Getriebezapfwelle nach DIN 9611/Form A mit 590 U/min.

Riemenantrieb: Mit durchgehender Zapfwelle, auf Normzapfwelle aufsteckbar.

Kraftheber: EICHER-Kraftheber mit fahrunabhängigem Antrieb der Hydraulikpumpe vom Motor aus. — Leistung: ca. 625 kg Hubkraft an der Ackerschiene.

Geräteanbau: Vorn: An der Frontporta (Antrieb von der Kurbelwelle aus möglich). Hinten: Am genormten Dreipunktgestänge des Krafthebers (DIN 9674/Größe 1) oder an der Ackerschiene, bei Bedarf mit Antrieb von der Zapfwelle aus. Mitte: Mähwerk, Rüttelegge u. ä. mit fahrunabhängigem Antrieb vom Motor aus, Schmotzer-Zwischenachs-Hackgerät.

Anhängekupplungen: Den Vorschriften der StVZO entsprechend.
Vorn: Starr / Hinten: Höhenverstellbar und drehbar.

Lenkung: Leichtgängige ZF-Einfinger-Lenkung mit kleinem Wendekreis.

Vorderachse: Doppelt gefederte Pendelachse mit großem Pendelweg.

Hinterachse: Portalachse.

Bereifung: Vorn: 5,50-16 AS Front / Hinten: 8-32 oder 10-28 AS
Vorn: 5,00-16 AS Front / Hinten: 10-24 AS

Spurweite: Normal 1,25 m, verstellbar auf 1,50 m.

Elektrische Anlage: Komplette 12-Volt-Anlage mit Anlasser, Lichtmaschine, Scheinwerfern mit Fern- und Abblendlicht, Begrenzungs-, Brems- und Rückleuchten, Blinkanlage, Anhänger-Steckdose und großdimensionierter Batterie.

Treibstofftank: Leicht zugänglicher Behälter mit großer Einfüll-Öffnung und 38 l Fassungsvermögen. Kraftstoffvorrat ausreichend für durchschnittlich 27 Betriebsstunden.

Das Mähwerk wird vom Motor aus fahrunabhängig angetrieben; in Verbindung mit de[…] flach arbeitenden Kurbelstange ist dadurch eine außerordentliche Leistungsfähigkeit ge[…]geben. Das Ausheben des Mähbalkens erfolgt von Hand oder vom Kraftheber aus. Da[…] gesamte Mähwerk kann, besonders bei Verwendung des hydraulischen Aufzuges, m[…] wenigen Handgriffen rasch und leicht ein- und ausgebaut werden.

Frontlader: Für die vielen Ladearbeiten auf dem Hof kann der EICHER-PANTHER mit eine[…] Baas-Frontlader der Größe II ausgerüstet werden.

Sämtliche Angaben und Abbildungen gewissenhaft, jedoch unverbindlich. Änderungen vorbehalte[…]

Der Panther war mit einem 22 PS starken Zweizylinder-Eicher-Diesel bestückt. Ein ausgeglichener, ruhiger Lauf und rasantes Beschleunigungsvermögen zeichneten ihn aus: »Ein Symbol für geballte Kraft und Stärke ist die Eicher-Maschine.«

In alle Welt gingen schon 1955 die Fendt-Schlepper. Unter der Bezeichnung Dieselroß fertigte Fendt Modelle von 12 bis 40 PS unter Verwendung von luft- und wassergekühlten Deutz- und MWM-Motoren.

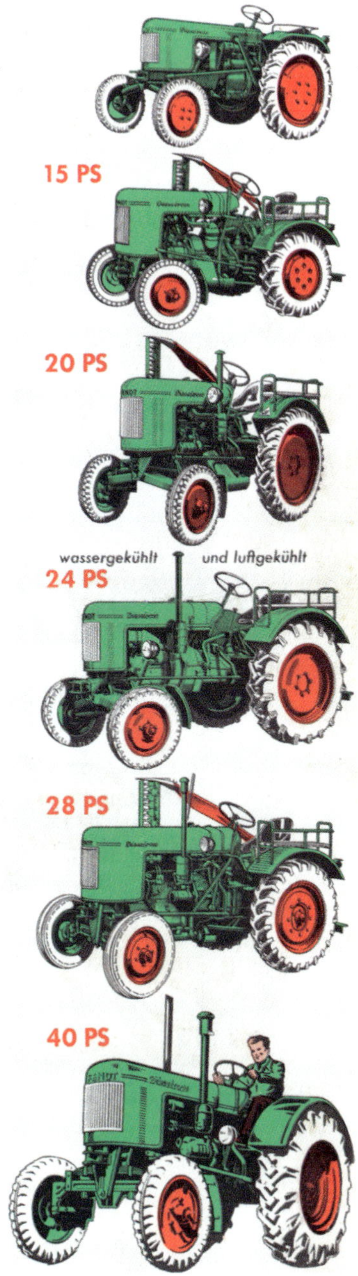

Die vom Motorenbau her interessanteste Hanomag-Konstruktion war der R 12 KB mit einem 0,5-Liter-Einzylinder-Zweitakt-Triebwerk, das 12 PS erzeugte. Eine Gebläsespülung sorgte für sauberen Luftwechsel.

»Der Schlepper für den anspruchsvollen Mittel- und Großbetrieb, preiswert, leistungsstark und zuverlässig, 3 Liter Hubraum, 1800 Umdrehungen, 28 PS – der ideale Schleppermotor«, verkündete der Hatz-Prospekt 1962.

Holder A/Holder B

Ausgehend von der Einachsschlepperfertigung, die 1930 aufgenommen wurde, begann die Gebr. Holder Maschinenfabrik GmbH in Metzingen/Württ. 1953 Modelle ihrer Combitrac-Reihe für den Weinbau und für Spezialkulturen herzustellen. Ein von Holder entwickelter Kleindiesel entstand im Serienbau bei Fichtel & Sachs. Zu Beginn der sechziger Jahre folgte der Allradtyp Cultimot mit gleichgroßen Rädern, hydraulischer Knicklenkung und einem eigenen Motor. Spezialschlepper für Kulturen und für Kommunalbetriebe bilden heute das Produktionsprofil von Holder.

A 20-21

20 PS Allradschlepper Cultitrac

Der neue Cultitrac A 20 und seine Varianten A 21 und A 21 S bieten außergewöhnliche Vorteile. Allrad-Antrieb über 4 gleichgroße Räder und günstige Gewichtsverteilung garantieren verblüffende Zugleistung in jedem Gelände. Die neuartige 4-Rad-Hydro-Lenkung in Verbindung mit der bewährten Knicksteuerung (DBP) verleiht dem „großen Cultitrac" ideale Wendigkeit und beste Lenksicherheit auf Acker und Straße. 8 Vorwärts- und 4 Rückwärtsgänge (1,1 – 20 km/h). Hydraulisch betätigte, auf beide Achsen wirkende Differentialsperre. Spurweiten von 66 – 125 cm. Hydraulik mit Norm-Dreipunkt-Anschluß oder Steilaushebung. Das starke Herz ist der robuste 20 PS Zweizylinder-Diesel-Motor

Holder

B 12

Vierradschlepper

Dieser wendige 12 PS Allzweckschlep-
per ist die ideale Maschine für den
Familienbetrieb und der Zweitschlep-
per für den Großbetrieb. Schnittig und
zweckmäßig ist seine Form. Der luft-
gekühlte Sachs-Diesel-Motor und das
gut abgestimmte 7-Gang-Getriebe
(0,6 – 20 km/h) mit 2 Zapfwellen sind
die Voraussetzung für seine über-
ragenden Leistungen. Wahlweise hy-
draulischer Kraftheber oder mechani-
sche Handaushebung. Dazu eine ei-
gene, bewährte Gerätereihe nach dem
Holder-System für Einmann-Bedie-
nung. Beim Pflügen, Schleppen, Mähen
usw. ist der B 12 in seiner Klasse kaum
zu übertreffen. Machen Sie die Probe,
fragen Sie getrost einen B 12-Besitzer
über die Leistungen seines Schleppers.

A 12

12 PS Allradschlepper Cultitrac

Der Cultitrac A 12 übertrifft alle E
wartungen bei der Bodenbearbeitu
und Schädlingsbekämpfung im We
bau, in Obstplantagen, Sonderkul
ren und Gemischtbetrieben. Entsch
dende Vorteile: größte Zugleistu
durch 4 gleichgroße und gleichbe
stete Antriebsräder. Außerordentli
Wendigkeit und unübertreffliche Le
sicherheit durch Knicksteuerung (D
Niedere, schmale Bauweise. 9-Ga
Getriebe (0,8 – 14 km/h) mit 2 D
rentialen und Sperre, Zapfwelle
verschiedenen Drehzahlen. Serien
ßige Blockhydraulik. Kraftvoller 1
Sachs-Diesel. Eigene, umfangre
Gerätereihe. Tausende von Betri
im In- und Ausland setzen den
mit Erfolg ein.

»Ein Holder geht durch dick und dünn!« Unter diesem Motto warb Holder für Rasenmäher, Motorhacken, Einachsschlepper und Kleintraktoren. Der Typ A besaß eine hydraulische Knicksteuerung und Allradantrieb, die B-Type eine konventionelle Lenkung und Hinterradantrieb.

Bereits 1908 vertrieb in Neuss am Rhein die deutsche Niederlassung des US-Landmaschinenherstellers International Harvester Company dessen Traktoren und Landmaschinen. 1937 enstanden eigene Schlepper mit Vierzylinder-Benzinmotoren. 1948 konnte IHC-Neuss diesen Typ wieder anbieten. Ab 1953 verließen dann Zwei-, Drei- und Vierzylinder-Dieselmodelle das Werk. Mit der 1955-56 vorgestellten Farmall-Baureihe gelang der Aufstieg in die Spitzengruppe. Ständig verbesserte und technisch interessant ausgestattete Modellreihen sicherten IHC bis heute (als Case IH) einen Ruf als namhaften Schlepperhersteller.

leistungsstarke FARMALL-Dieselschlepper

FARMALL-Dieselschlepper D-2 14 PS

Mit diesem Schlepper kann man auch den kleinen Betrieb nach und nach mechanisieren, denn er bewältigt alle vorkommenden Arbeiten. Für den größeren Betrieb ist er die ideale Zusatzmaschine.

FARMALL-Dieselschlepper D-3 20 PS

Der 20 PS Farmall hat sich inzwischen, dank seiner mannigfaltigen Vorzüge, viele Freunde erworben. Er ist für den mittleren Hof die gegebene Maschine.

FARMALL-Dieselschlepper D-4 30 PS

Der Farmall D-4, der stärkste Schlepper der neuen Farmall Linie, ist für den Landwirt gedacht, dessen schwierige Bodenverhältnisse oder besondere Betriebsgröße eine größere Leistung verlangen.

INTERNATIONAL HARVESTER COMPANY M.B.H.

BERLIN · HAMBURG · MÜNCHEN · NEUSS am Rhein

Ab 1951 baute IHC eine erste Diesel-Schlepper-Reihe, nachdem man bisher auf Vergasermotoren gesetzt hatte. Die D-Typen besaßen Vorkammer-Dieselmotoren.

Spitzenmodell der IHC war 1953 der Farmall DGD 4. »Er meistert Aufgaben, die man normalerweise einem 30-PS-Schlepper nicht zumutet.« Hoffentlich ging es gut!

Die Klöckner-Humboldt-Deutz AG (KHD) in Köln hatte vor dem Zweiten Weltkrieg mit ihren »Stahl- und Bauernschleppern« eine führende Stellung erreicht. Trotz kriegsbedingter Zerstörungen konnten bereits 1946 wieder die ersten Elfer-Deutz F1M 414 ausgeliefert werden. Traktoren größerer Leistung liefen noch einige Jahre im Ulmer Zweigwerk (Magirus) vom Band. Ab 1949 wurden die bis dahin zum Einsatz gekommenen wassergekühlten Dieselmotoren durch neue, jetzt luftgekühlte Diesel ersetzt. Die ab 1959-60 produzierte D-Reihe löste man 1967 durch die 05er Serie ab.

IN DER BAHNBRECHENDEN ENTWICKLUNG

des modernen Dieselmotoreubaues hat das Werk DEUTZ - ausgehend von jahrzehntelangen Erfahrungen als erste
Motorenfabrik der Welt - mit dem luftgekühlten Dieselmotor der Bauart FL 514 eine Antriebsmaschine entwickelt,
die sich seit 5 Jahren in Tausenden von Ausführungen unter den schwersten Arbeitsbedingungen bewährt hat.
In den neuen Deutz-Bauernschlepper wird der erstmalig im Groß-Serienbau hergestellte luftgekühlte Ein-Zylinder-
Viertakt-Dieselmotor eingebaut, der alle Vorzüge eines modernen luftgekühlten Motors besitzt und eine Spitzen-
leistung im internationalen Motorenbau darstellt. Stärker in der Leistung durch den Einbau unseres luftgekühlten
Viertakt-Dieselmotors, ausgerüstet mit elektrischer Anlaßvorrichtung, Motor und Fahrgestell zu einer konstruktiven
Einheit von vorbildlicher Zweckmäßigkeit und Schönheit der Form zusammengefaßt, in unseren eigenen Fabrika-
tionswerkstätten mit höchster Präzision gefertigt, so steht der neue

DEUTZ BAUERNSCHLEPPER

15 PS / luftgekühlt / mit elektrischer Anlaßvorrichtung

nach gründlicher Erprobung zum Einsatz in der Landwirtschaft bereit und Zehntausende fortschrittlicher Landwirte
werden die Vorzüge des neuen DEUTZ-Bauernschleppers mit luftgekühltem Motor und elektrischem Starter zu
schätzen wissen.

Erstes in größeren Stückzahlen gebautes Schleppermodell mit einem luftgekühlten Motor war der ab 1950 gebaute F1L 514 mit 15 PS. Die »bahnbrechende Entwicklung« besaß eine elektrische Anlaßvorrichtung.

DEUTZ

UNIVERSALSCHLEPPER F4 L 514

Der neuste luftgekühlte DEUTZ-Radschlepper für schwerste Pflug- und Zugarbeiten im landwirtschaftlichen Großbetrieb. Die hohe Leistung von 60 PS ermöglicht ein Tiefpflügen schweren und stark verwurzelten Bodens mit erhöhter Geschwindigkeit, wobei große Flächenleistungen in kurzer Zeit erreicht werden. Die hohe Kraftreserve des Motors, die schlanke Form mit niedriger Schwerpunktlage bei gleichzeitig hoher Bodenfreiheit und die kräftige Bauart sind hervorstechende Merkmale dieser Neuschöpfung. Durch die doppelt gefederte Vorderachse und günstige Verteilung des Schleppergewichts wurden gute Fahreigenschaften erzielt.

60 PS

luftgekühlt

TECHNISCHE DATEN

Blockbauart — Luftgekühlter DEUTZ-Vierzylinder-Viertakt-Dieselmotor F4L 514 — Hubraum 5322 cm³ — Pendelnd aufgehängte Doppelfeder-Vorderachse — Riemenscheibe, Zapfwelle — Elektrische Ausrüstung: Anlasser, Lichtmaschine, 2 Batterien, Beleuchtung, Fernthermometer mit akustischer Warnvorrichtung — Kraftstoffverbrauch ca. 4 kg/h — Bereifung: vorn 6,50-20 AS Front, hinten 15-30 AS oder 13-30AS Bodenfreiheit: 470 mm unter der Vorderachse

DEUTZ

Stärkster Schlepper der ersten luftgekühlten Generation bildete der F4L 514 mit 60, später 65 PS. Der Universalschlepper besaß eine pendelnd aufgehängte Doppelfeder-Vorderachse.

Der leistungsfähige Kleinschlepper in Tragschlepper-Bauart ist Zugmaschine und Geräteträger zugleich

Der Schlepper erlaubt die Vollmotorisierung kleiner landwirtschaftlicher Betriebe bis zu einer Größe von etwa 10-12 ha, wie auch den Einsatz als Zusatzschlepper neben stärkeren Maschinen in größeren Wirtschaften. Für Obstbau-, Gartenbau- und Weinbaubetriebe steht der Schlepper in Schmalspurausführung zur Verfügung. – Konstruktiv wird der Schlepper neuzeitlichen Arbeitsverfahren in der Landwirtschaft in jeder Weise gerecht:

Einmann-Bedienung durch Anordnung der Geräte zwischen den Achsen – Abstimmung von Zugleistung und Fahrgeschwindigkeit durch ein vielstufiges Getriebe (6 Vorwärtsgänge einschl. Kriechgang) – Arbeiten in Rückwärtsfahrt durch Umstecken des Sitzes und 3 Rückwärtsgänge – Störungsfreies Mähen durch einen von der Fahrkupplung unabhängigen Mähantrieb – Zugsicher durch günstige Gewichtsverteilung und Bodenfreiheit sowie durch reichlich dimensionierte Bereifung und Differentialsperre – Einfache und bequeme Gerätekupplung durch Schlepperhydraulik – Vielseitiger stationärer Maschinenantrieb durch Riemenscheibe mit 2 Drehzahlen – Vielseitiger Maschinenantrieb während der Fahrt, drehzahlkonstant durch Getriebe-Zapfwelle, drehzahlveränderlich durch Weg-Zapfwelle – Sicher bei Transporten durch drehbares Wagen-Zugmaul – Schnelles Wenden durch Einzelradbremsung mit vollautomatischem Bremsausgleich.

Geräte für jede Arbeit – für alle Verhältnisse aus dem ausgewählten genau abgestimmten DEUTZ Geräteprogramm

Dazu der DEUTZ-Einachs-Anhänger (Tragkraft ca. 2 t) mit patentierter Spezialkupplung zwischen Schlepper und Anhänger; diese verbürgt eine unbedingte Zugsicherheit auch an Hängen und bei ungünstigen Bodenverhältnissen!

Ein guter Schlepper besteht nicht aus PS allein;

Qualität zeigt sich in den Einzelheiten!

Als Ersatz für den wassergekühlten Elfer-Deutz entwickelte man für den Kleinlandwirt den 11-PS-Typ F1L 612 mit 11 PS in Tragschlepperbauart. Der Sitz konnte für Schubarbeiten um 180 Grad geschwenkt werden.

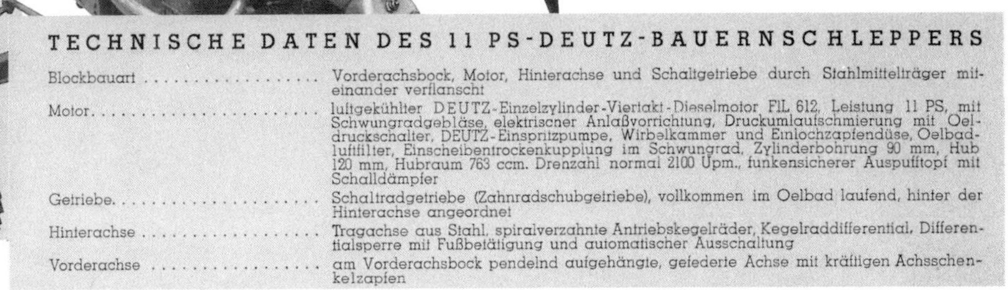

TECHNISCHE DATEN DES 11 PS-DEUTZ-BAUERNSCHLEPPERS

Blockbauart	Vorderachsbock, Motor, Hinterachse und Schaltgetriebe durch Stahlmittelträger miteinander verflanscht
Motor	luftgekühlter DEUTZ-Einzelzylinder-Viertakt-Dieselmotor FlL 612, Leistung 11 PS, mit Schwungradgebläse, elektrischer Anlaßvorrichtung, Druckumlaufschmierung mit Oeldruckschalter, DEUTZ-Einspritzpumpe, Wirbelkammer und Einlochzapfendüse, Oelbadluftfilter, Einscheibentrockenkupplung im Schwungrad, Zylinderbohrung 90 mm, Hub 120 mm, Hubraum 763 ccm. Drehzahl normal 2100 Upm., funkensicherer Auspufftopf mit Schalldämpfer
Getriebe	Schaltradgetriebe (Zahnradschubgetriebe), vollkommen im Oelbad laufend, hinter der Hinterachse angeordnet
Hinterachse	Tragachse aus Stahl, spiralverzahnte Antriebskegelräder, Kegelraddifferential, Differentialsperre mit Fußbetätigung und automatischer Ausschaltung
Vorderachse	am Vorderachsbock pendelnd aufgehängte, gefederte Achse mit kräftigen Achsschenkelzapfen

Die zweite luftgekühlte Bauserie bildeten die D-Typen mit im Hubraum reduzierten Wirbelkammer-Dieselmotoren. Der Zweizylindermotor mit Radialluftgebläse des D 25.2 leistete 22 PS.

Die Gebr. Kramer GmbH in Überlingen und Gutmadingen lieferte 1949 die ersten Rahmenbauschlepper aus, die an das Erfolgsmodell der Vorkriegszeit für die Grünlandwirtschaft anknüpften. Mit Beginn der fünfziger Jahre baute Kramer eine ein- bis dreizylindrige Standard-Baureihe mit Motoren von Güldner, MWM und Deutz und eigenen Getrieben. 1961/62 erschien eine neue Kramer-Baureihe; dem Unimog stellte Kramer eine interessante Zugmaschine gegenüber. 1971 endete die Schlepperfertigung zugunsten der Fabrikation von Baumaschinen.

Der im Prinzip seit 1932 gebaute »Allesschaffer« erhielt 1950 eine Aufwertung durch eine Haube. Das durchbrochene Mittelstück sorgte für den Austritt des verdampfenden Wassers.

Kramer KL 250

«In Gutmadingen und Überlingen laufen heute tagaus, tagein die bewährten Kramer-Schlepper vom Montageband«, verkündete Kramer 1962. Hier der KL 250 mit unter der Haube integrierten Scheinwerfern.

Kramer KL 200

1958 erneuerte Kramer das Erscheinungsbild der Schlepper. Eine moderne Kunststoffhaube überdeckte nun den Motor; der Schwingsitz sollte die Bandscheiben des Fahrers schonen.

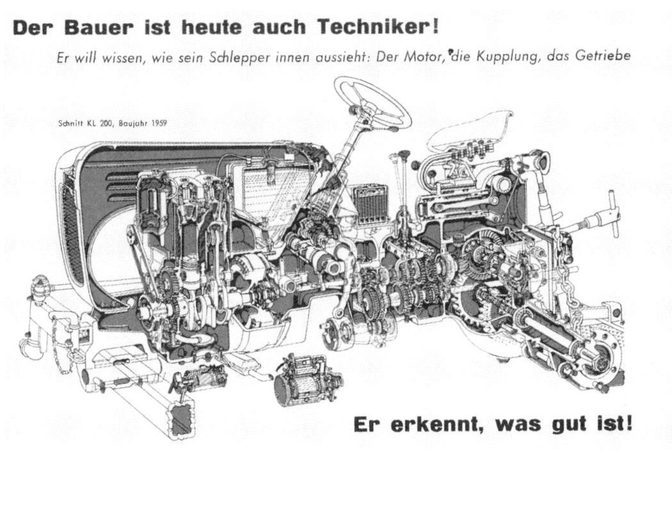

Lanz 7506

Die Heinrich Lanz AG in Mannheim setzte nach dem Krieg wieder auf den einzylindrigen Glühkopfschlepper,dessen Typenname Bulldog zum Inbegriff des damaligen deutschen Schleppers wurde. Dem ersten 15-PS-Bulldog von 1949 folgte eine komplette Baureihe, die durch den Geräteträger Alldog ergänzt wurde. Nach der Umstellung des schwach verdichtenden Lanz-Motors auf das Mitteldrucksystem folgte als letzte motortechnische Entwicklung das Volldieselverfahren. Doch die beibehaltene Einzylindertechnik überzeugte nicht mehr die Kunden, auch wenn fast 220.000 Bulldogs hergestellt worden waren. 1960 übernahm die US-Traktorenfabrik John Deere das Werk und führte die moderne Vierzylindertechnik ein.

D 7506
Allzweck

Bauart des Schleppers und Normalausrüstung

Schlepper-Bauart: Block-Konstruktion, Rumpf bestehend aus Zylinder, Kurbel-, Getriebe- und Hinterachsgehäuse.
Motor-Bauart: Einzylinder-Zweitakt-Mitteldruckmotor, liegend angeordnet, mit Glühkopfzündung und Schlitzsteuerung, Bohrung 170 mm, Hub 210 mm, Hubraum 4,7 Ltr., Drehzahl 850 Umdr./Min., Leerlaufdrehzahl 350 Umdr./Min.
Regler: Endregler, auf Kurbelwelle sitzend hält Motordrehzahl bei jeder Belastung konstant.
Schmierung: Kombinierte Frischöl- u. Umlauf-Druck-Schmierung für die Motor-Triebwerksteile; Hochdruck-Fettschmierung für die übrigen Teile. Doppelte Umlauföl-Filterung: Sieb im Kurbelgehäuse und Filzplattenfilter im Ölbehälter.
Kühlung: Wärmegefälle-Umlaufkühlung ohne Pumpe mit Windflügel und 5 leicht auswechselbaren Kühlerelementen. Kühlwirkung durch Abdeckbleche regulierbar.
Luftfilter: Lanz-Hochleistungsfilter mit ölfeuchter Pergamentpapierwolle-Füllung.
Auspuff: nach oben; Schalldämpfer mit Prallteller und Siebeinsatz gegen Funkenflug.
Kupplung: Dreibackenkupplung, durch einen Fußhebel betätigt.
Riemenscheibe: auskuppelbar, rechts auf der Kurbelwelle, 540 mm Ø, 150 mm breit, Drehzahl 850 Umdr./Min.
Getriebe: Stirnräder-Schubgetriebe mit 6 Vorwärts- und 2 Rückwärtsgängen. Kugelschaltung.

Bremsen: Getriebe-Handbremse, Hinterrad-Fußbremse, zugleich Einzelrad-Lenkbremse, Kupplungs-(Riemenscheiben-)Bremse.
Vorderachse: ungefedert, mit großer Bodenfreiheit.
Vorderräder: mit Luftreifen 6,00—20 auf Stahlfelgenrädern 20"×5". Spurweite veränderlich.
Hinterräder: mit Ackerluftreifen 9,00—40, auf Stahlscheibenrädern mit Tiefbettfelgen 6,00 S—40; besonders griffig auf feuchtem Boden, Spurweite veränderlich.
Führerplatz: dreiseitig umschlossen, mit Armaturenwand für elektrischen Schaltkasten, Drehrichtungsanzeiger usw. Rechtssteuerung; alle Bedienungshebel automobilmäßig angeordnet.
Führersitz: gefederter Schwingsitz, Sitz und Rückenlehne gepolstert.
Anhängevorrichtungen: obere, gefedert für Wagen, untere für Geräte, in der Höhe verstellbar.
Elektrische Anlage: Lichtmaschine 6 Volt, 75 Watt, 6 Volt Stahlbatterie, 2 Scheinwerfer, Schlußlicht, Stopplicht, Signalhorn. **Anlaßzündung** (zur Inbetriebsetzung des Motors ohne Heizlampe): umfaßt Zündspule, Zündkerze, Schalter usw.
Zubehör: Luftreifen-Montage-Werkzeug, Luftpumpe, Luftdruckprüfer, Wagenheber, Heizlampe, Fettpresse, Werkzeugkasten mit vollständigem Werkzeug, ferner ein Satz kleinerer Ersatzteile.

Sonderausrüstungen gegen Mehrpreis

Acker-Vorderräder: ganz aus Stahl, mit zweiteiligen aufschraubbaren Spurringen.
Acker-Hinterräder: ganz aus Stahl, mit je 24 Stück 130 mm hohen Stollengreifern und angeschraubten 100 mm breiten Laufringen für Straßenfahrt 1640 mm Ø.
Hinterrad-Verbreiterungen: 150 oder 300 mm breit mit 130 mm hohen Stollengreifern.
Vorderrad-Verbreiterungen: 200 mm breit.
Radabstreifer für Stahl-Räder mit Stollengreifern: zum selbsttätigen Entfernen der anhaftenden Erde.

Windschutzscheibe: mit elektrischem Scheibenwischer.
Wasserdichtes Dach: mit Seitenwänden und Rückwand.
Zapfwelle: rechts neben Getriebegehäuse, vollkommen staubdicht gekapselt, in Kegelrollenlagern laufend.
Riemenleitrolle: für besondere Betriebsverhältnisse.
Reifenluftpumpe: motorisch angetrieben.
Hebegetriebe: hydraulisch, mit Hebewelle.
Anhängevorrichtung: für Geräte, hydraulisch schwenkbar.
Anbaugrasmäher: Aushebung des Messerbalkens von Hand oder hydraulisch.

Technische Daten

Motorleistung . . . 25 PS
Kraftstoff: Gasöl, Dieselöl, Paraffinöl, Braunkohlenteeröl, Schieferteeröl, Petroleum u. a.
Kraftstoff-Verbrauch . . . etwa 240 g je PS-Std.
Kraftstoff-Behälter-Inhalt . . . 50 Liter

Schmieröl-Verbrauch . . . etwa 1,25 kg je Arbeitstag
Schmieröl-Behälter-Inhalt . . . 5 Liter
Benzin-Behälter-Inhalt . . . 7 Liter
Kühlwasser-Behälter-Inhalt . . . 26 Liter

Fahrgeschwindigkeiten

Gang	mit Ackerluft-Reifen km/Std.	mit Ackerrädern: bei ¾ eingesunkenen Greifern km/Std.	mit Ackerrädern: mit Laufringen km/Std.
1.	3,2	3,2	3,8
2.	4,9	4,9	5,7
3.	6,7	6,7	7,8
4.	8,4	—	—
5.	12,8	—	—
6.	17,7	—	—
1. Rückw.	4,9	4,9	5,7
2. Rückw.	12,8	—	—

Max. Brutto-Zugleistungen mit Ackerluftbereifung
auf guter, fester, trockener Straße bei 0% Schlupf

Gang	Maximale Brutto-Zugleistung in Tonnen bei Steigung 0%	3%	6%	9%	12%	15%
1.	über 30	30	20,5	14	10,5	8,5
2.	„ 30	21,5	12,5	8,5	6	4,5
3.	„ 30	15	8,5	5,5	4	
4.	„ 30	11,5	6,5	4		
5.	„ 20,5	7	3,5			
6.	4	4				

Flächenleistungen

Mit Stahl-Ackerrädern (Mittelschwerer Boden 4,5 kg/dm² Widerstand)
Erfahrungsgemäß läßt sich jedoch mit der **Ackerluftbereifung** je nach den Verhältnissen bis zu 30% Mehrleistung bei entsprechend geringerem Betriebsstoff-Verbrauch je ha erzielen.

Art der Arbeit	Anzahl der Pflugkörper	Leistung in 10 Stunden ha	Brennstoff-Verbrauch in kg/ha
Tiefpflügen	2	2,2	16–20
Saatpflügen	2–4	2,4–4,5	12–15
Schälen	4	4,5–5,5	9–12
Kultivieren	—	6–9	4–4,5
Eggen und Walzen	—	10–12,5	4–5,5

Maße und Gewichte

	mit Ackerluftbereifung	mit Ackerrädern
Größte Länge	2975 mm	3020 mm
„ Breite	1645 mm	1645 mm
„ Höhe	2180 mm	2200 mm
Radabstand	1755 mm	1755 mm
Bodenfreiheit	470 mm	440 mm
Spurweite, von Radmitte zu Radmitte, vorn	1205–1565	1170–1600
„ „ „ „ hinten	1180–1530	1180–1530
Vorderräder, wirksamer Ø	800 mm	764 mm
„ Reifen Ø bzw. Felgen Ø	834 mm	740 mm
„ Reifenbreite bzw. Felgenbreite	156 mm	150 mm
Hinterräder, wirksamer Ø	1400 mm	1405 mm
„ Reifen Ø bzw. Felgen Ø	1520 mm	1340 mm
„ Reifenbreite bzw. Felgenbreite	240 mm	260 mm
Abstand v. Boden (Greifer ¾ eingesunk.) der Wagen-Anhängevorrichtung	675 mm	680 mm
der Geräte-Anhängevorrichtung	490 mm	495 mm
Wendekreis-Halbmesser	3,6 m	3,6 m
Gewicht, betriebsfert., in Normalausrüstg. ca.	2200 kg	2320 kg

Abbildungen, Maße und Gewichte annähernd und unverbindlich.
13 106/VI

Mit dem D 7506 mit 25 PS gelang 1949 der Neuanfang. Der Prospekt für die damals noch heißbegehrten Allzweck-Bulldogs verzichtete auf jegliche Werbeeinfälle.

TYPENBLATT DER LANZ-WERKE MANNHEIM

36 PS
D 3606

LANZ Bulldog

DIESEL-SCHLEPPER

Der 36-PS-LANZ-Bulldog-Diesel-Schlepper D 3606 gehört zu den meistgekauften Schleppern seiner Klasse. Bei einem im Verhältnis zur Leistung sehr geringen Gewicht besitzt er in seinem 36-PS-Motor jene Kraftreserve, die ihn zur Bearbeitung großer Flächen befähigt und die ihn zum idealen Mähdrescher-Schlepper macht.

Typenblatt des D 3606. Der schmale Bau des Motorblocks gestattete beste Blickverhältnisse auf den Boden. Der Hubraum des Einzylindermotors betrug 3,7 Liter.

36 PS - D 3606

BAUART

Block-Konstruktion

Länge	3166 mm
Breite	1725 „
Höhe	1930 „
Bodenfreiheit	410 „
Achsabstand	1822 „
Wendekreis-Halbmesser	2800 „
Eigengewicht	2390 kg

Motor: Wassergekühlter Einzylinder-Zweitakt-LANZ-Diesel-Motor 36 PS mit lastabhängigem Drehzahlregler.

Bohrung	150 mm
Hub	210 „
Hubraum	3,71 Ltr.
Drehzahl	1050 U/min.

Kraftstoff: Handelsübliche Dieselkraftstoffe, Gas- und Paraffinöle.

Kraftstoffverbrauch: Durchschnittlich ca. 2,2—3,0 Ltr./Std.

Schmierung: Frischöl-Druck-Umlauf-Schmierung für Motor-Triebwerk; Hochdruck-Fettschmierung für übrige Teile.

Wasser-Umlauf-Kühlung.

Getriebe: 6 Vorwärts- und 2 Rückwärtsgänge

1. Gang	3,4 km/Std.	5. Gang	15,6 km/Std.
2. „	4,6 „	6. „	19,0 „
3. „	5,7 „	1. Rückwg.	5,2 „
4. „	11,3 „	2. „	17,0 „

GRUNDAUSRÜSTUNG

Bereifung: vorn: 6,00—20 AS Front
hinten: 13 — 30 AS (Scheibenräder)

Spurweite: verstellbar vorn und hinten von 1250 bis 1445 mm

Kotflügel hinten mit Beifahrersitz

Drückvorrichtung an der Vorderachse

Gefederte Wagen-Anhänge-Vorrichtung

Normschwingrahmen für Ackergeräte, verstellbar, geeignet für Kraftheber

Beleuchtungsanlage:
Lichtmaschine 12 V 130 Watt
Batterie 12 V 62,5 Amp.-Std.

Bremslichtanlage und Steckdose für Anhängerbeleuchtung

Signalhorn

Einzelrad-Lenkbremse

Anwerfvorrichtung

MINDEST-LIEFERUMFANG

Elektrische Starteranlage mit Anlaßzündung
Riemenscheibe
Kühler-Thermometer
Schwingfederwannensitz mit Sitzpolster
Zapfwelle nach Norm, 560 U/min
Einzelradfederung vorn
Wagenheber
Getriebe-Handbremse, feststellbar
Kühler-Rollo
Hand- und Fußhebel für Drehzahleinstellung
Ölbad-Luftfilter
1 Satz Werkzeuge

SONDERAUSRÜSTUNGEN

Mähwerk mit Antrieb Normal- bzw. Mittelschnitt 5'
Hydr. Hebevorrichtung mit Dreipunkt-Aufhängung
Kupplungsunabhängige Zapfwelle
Windschutzscheibe mit elektr. Scheibenwischer
Dach
Seiten- und Rückenteile zum Dach
Blinklicht
Kotflügel vorn
Gitterräder vorn und hinten
Reifenfüllpumpe mit Füllschlauch
Fernthermometer zum Kühler
Seilwinde (einschl. 230 kg Zusatzgewicht an den Vorderrädern)
Zusatzgewichte
Sonderbereifung: hinten 11-38 AS (Scheibenräder)

FLÄCHENLEISTUNGEN

auf mittelschwerem Boden in 10-stünd. Arbeitszeit

Art der Arbeit	Breite	Fläche
Tiefpflügen	2-3 scharig	2,5-3,5 ha
Saatpflügen	3-4 „	3,5-4,75 „
Schälen	6-10 „	7,5-10 „
Grubbern	2,00 m	14,0 „
Eggen und Walzen	3,00 m	20-22 „
Mähen	1,50 m	10,0 „

13 PS - D 1306

BAUART

Block-Konstruktion.

Länge	2570 mm
Breite	1570 „
Höhe	1580 „
Bodenfreiheit	440 „
Achsabstand	1680 „
Wendekreis-Halbmesser	2800 „
Eigengewicht	870 kg

Motor: Luftgekühlter Einzylinder-Zweitakt-LANZ-Diesel-Motor 13 PS mit lastabhängigem Drehzahlregler.

Bohrung	85 mm
Hub	94 „
Hubraum	0,533 Ltr.
Drehzahl	2800 U/min.

Kraftstoff: Handelsübliche Dieselkraftstoffe
Kraftstoffverbrauch:
Durchschnittlich ca. 0,8—1,2 Ltr./Std.

Schmierung: Frischöl-Druckschmierung.

Luft-Kühlung.

Getriebe: 6 Vorwärtsgänge und 1 Rückwärtsgang

1. Gang	1,8 km/Std.	4. Gang	6,95 km/Std.
2. „	2,5 „	5. „	10,85 „
3. „	4,25 „	6. „	18,5 „

1 Rückwärtsgang 3,7 km/Std.
1. Gang als Kriechgang: von 0,4—1,6 km/Std. je nach Einstellung der Motor-Drehzahl

GRUNDAUSRÜSTUNG

Bereifung: vorn: 4,00—15 AS Front
hinten: 7 — 24 AS (Scheibenräder)

Pendelachse vorn

Spurweite: verstellbar vorn und hinten von 1250 mm bis 1500 mm

Kotflügel hinten rechts und links mit Beifahrersitz
Drückvorrichtung an der Vorderachse
Gefederte Wagen-Anhänge-Vorrichtung
Anhängeschiene für Geräte
Beleuchtungsanlage:
Lichtmaschine 12 V 90 Watt
Batterie 12 V 70 Amp.-Std.
Bremslichtanlage und Steckdose für Anhänger-Beleuchtung
Signalhorn
Einzelrad-Lenkbremse

MINDEST-LIEFERUMFANG

Elektrische Starteranlage mit elektrischer Glühvorrichtung 12 V

Differentialsperre

2 Zapfwellen nach Norm, je eine nach vorn und hinten, getrennt schaltbar, 550 U/min.

Hydraulischer Kraftheber mit Hebelwelle zwischen den Achsen

Schwingsitz mit Gummipuffer

Brems-Feststellhebel

Hand- und Fußhebel für Drehzahl-Einstellung

Ölbad-Luftfilter

1 Satz Werkzeuge

SONDERAUSRÜSTUNGEN

Mähwerk mit Antrieb, für hydr. Aushebung vorn Normal- bzw. Mittelschnitt 5'.

Zweite hydraulische Hebevorrichtung mit Dreipunkt-Aufhängung

Riemenscheibe mit Antrieb, hinten

Kotflügel vorn

Reifenfüllanlage

Sitzpolster

Gitterräder für Bereifung 7—24

Sonderbereifung: hinten 8—24 AS

FLÄCHENLEISTUNGEN

auf mittelschwerem Boden in 10-stünd. Arbeitszeit

Art der Arbeit	Breite	Fläche
Tiefpflügen	1 scharig	0,8 ha
Saatpflügen	1 „	1,1 „
Schälen	2 „	2,2 „
Grubbern	1,50 m	5,0 „
Eggen und Walzen	2,40 m	11,0 „
Mähen	1,50 m	10,0 „

HEINRICH LANZ AKTIENGESELLSCHAFT MANNHEIM

Recht sachliche Prospektgestaltung für den Lanz D 1306. Ein luftgekühlter Zweitakt-Diesel von Triumph-Lanz mit 13 PS und lastabhängigem Drehzahlregler trieb den Schlepper mit der nasenförmigen Haube an.

Erster in Großserie gefertigter deutscher Geräteträger war 1954 der Lanz Alldog. Gelungen zwar in der Konstruktion, problemhaft aber in der Motorisierung trotz verschiedener Alternativen

Hela 15 PS

In Aulendorf/Württ. konnte 1947 die zunächst demontierte Schlepperfabrik Hermann Lanz GmbH wieder mit der Neumontage des Vorkriegs-Zweizylindertyps Hela beginnen. In den frühen fünfziger Jahren stand ein Programm bis 45 PS zur Verfügung. Zuwachsraten ließen den Optimismus aufkommen, Hela-Schlepper mit eigenen Ein-, Zwei- und Dreizylindermotoren auszustatten, zumal die Fertigungstiefe schon beeindruckend war. 1960 erhielten die Modelle ein neues Design. Bis 1979 konnten 35.000 Hela-Schlepper, inzwischen mit MWM-Motoren, hergestellt werden.

Das interessiert den Techniker

Motor	Stehender Einzylinder-Viertakt-Dieselmotor wassergekühlt oder luftgekühlt			
	Leistung	15 PS		
	Drehzahl	1980 U/min.		
	Hubraum	1082 ccm		
	Zylinder ⌀	105 mm		
	Hub	125 mm		
Lenkung	Kräftige, staub- und öldicht gekapselte Schneckenlenkung, im Ölbad laufend			
Getriebe	HELA-Getriebe, kugelgelagert mit spiralverzahnten Kegelrädern, 6 Vorwärtsgänge, 2 Rückwärtsgänge, 1. Gang als Kriechgang ausgebildet.			
Fahrgeschwindigkeiten	6 durchschaltbare Vorwärtsgänge, davon 1. Gang Kriechgang, 1,4 – 2,9 – 4,9 – 7,8 – 11,5 – 19,5, 1. Rw.-Gang 2,4, 2. Rw.-Gang 4,7 km/h.			
Kupplung	Einscheiben-Trockenkupplung, Fichtel & Sachs. Keine Wartung!			
Vorderachse	Aus Stahl mit Gummihohlfederung der Vorderräder.			
Bremsen	Doppelte Hinterrad-Innenbacken-Einzelradfußbremse und feststellbare Handbremse.			
Elektrische Ausrüstung	Anlasser- und Beleuchtungsanlage 12 Volt, Bosch-Horn.			
Spurweite	Verstellbar 1,25 – 1,50 m			
Wenderadius	Innen: 1.20 m, bei Benützung der Lenkbremse 0,70 m			
Bereifung		normal	auf Wunsch	
	vorne	4.50–16	4.50–16	4.50–16
	hinten	8–24	8–28	9–24
Länge		2,65 m	2,70 m	2,70 m
Breite		1,50 m	1,50 m	1,52 m
Höhe bis oben Haube		1,25 m	1,30 m	1,27 m
Radstand		1,72 m	1,72 m	1,72 m
Anhängehöhen	Anhängekupplung	730 mm	780 mm	750 mm
	Ackerschiene	350 mm	350 mm	350 mm
Eigengewicht	ohne Mähwerk	1130 kg	1155 kg	1145 kg
	mit Mähwerk	1260 kg	1285 kg	1275 kg
Mähantrieb	Durch Zahnräder, im Ölbad laufend, mit nachstellbarer Konus-Rutschkupplung			
Mähwerk	Patentierte HELA-Konstruktion, von Hand spielend leicht auszuheben, oder hydr. Aushebung.			
Riemenscheibe	200 ⌀ x 140 mm, 1550 U/min., schwenkbar für Links- und Rechtslauf.			
Zapfwelle	Motorabhängig 29/34,9; 560 U/min. DIN 9611. Zusätzlich auf gangabhängig schaltbar (Wegzapfwelle).			
Differentialsperre	Betätigung durch Fußhebeldruck.			
Brutto-Anhängelast	ca. 10 to.			
Max. Zugkraft a. Haken	ca. 1125 kg.			
Tankinhalt	28 Liter.			

Sämtliche Angaben sind gewissenhaft, jedoch unverbindlich.

Normalausrüstung	Kriechgang, Gummihohlfederung der Vorderräder, Getriebe-Zapfwelle, umschaltbar auf Weg-Zapfwelle, Differentialsperre, Einzelrad-Fußbremse, feststellbare Handbremse, Hand- und Fußgas, vordere und hintere Anhängevorrichtung, breite Ackerschiene, 2 Beifahrersitze, komplette Anlasser- und Beleuchtungsanlage, Anhängersteckdose.
Sonderausrüstung	Mähantrieb, Mähwerk 4 1/2', hydr. Mähwerksaushebung, Bereifung 8–28 oder 9–24, Riemenscheibe, Vorderradkotflügel, Dreipunkt-Kraftheber mit langer Aufsteckackerschiene, RADDRUCKVERSTÄRKER, Holzdoppelsitze, 2 Stopplichter, Betriebsstundenzähler, Allwetterverdeck, HELAMATIC zur Bedienung der Maschine im Nebenhergehen, Lenkrad-Feststellvorrichtung.

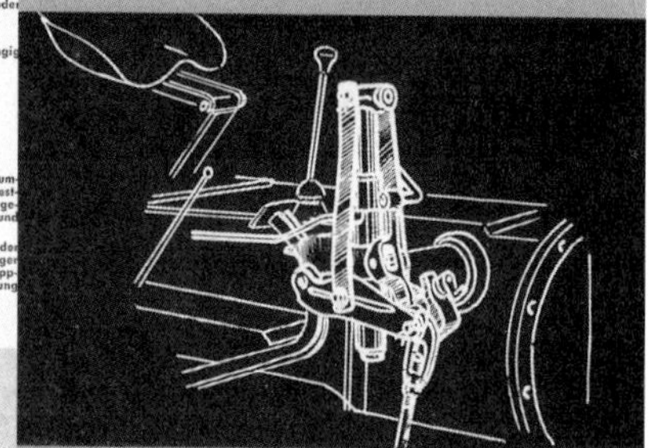

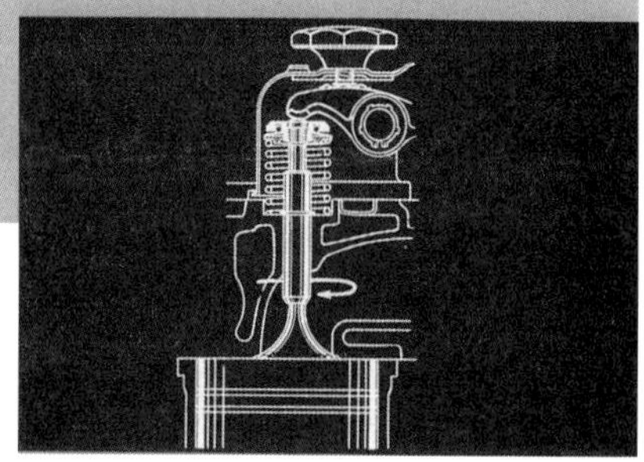

Eigene Ein-, Zwei- und Dreizylinderdiesel mit automatischer Zwangsdrehvorrichtung der Ventile (Rotocap) zur Hitzeabweisung bildeten das Herz der zweiten Hela-Nachkriegsbaureihe. Als Schlepper für den kleinen und mittleren Hof, als Zweitmaschine und als Vollernteschlepper bot Hela die Fahrzeuge an.

Stärkstes »Glied einer vieltausendfach bewährten Hela-Baureihe« war 1962 der D 45 mit eigenem Dreizylindermotor und eigenem Sechsganggetriebe.

MAN 4N2

Die Maschinenfabrik Augsburg-Nürnberg AG (MAN) hatte ihre junge, nach Frankreich ausgelagerte Schlepperfertigung zunächst verloren. Nach der Währungsreform präsentierte die Motoren- und Nutzfahrzeugfabrik einen allradgetriebenen Zweizylindertyp, dem eine komplette Typenreihe folgte. MAN-Kunden bot man 1960 eine überarbeitete Baureihe an, die ab 1963 aus Gründen der Rationalisierung im Friedrichshafener Porsche-Diesel-Werk montiert wurde. Bis 1964 entstanden etwa 40.000 MAN-Nachkriegsschlepper.

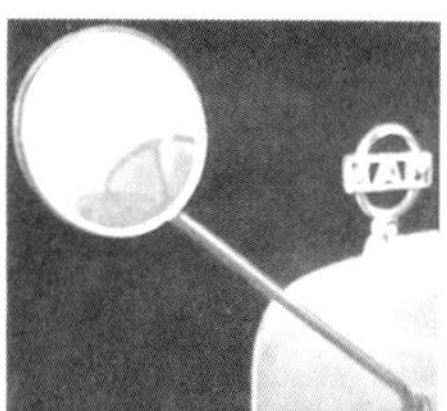
RUCKBLICKSPIEGEL

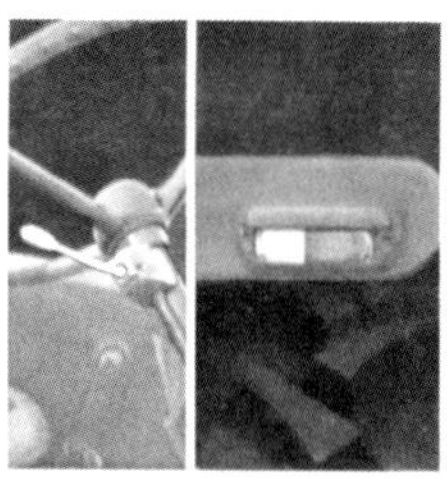
BLINKLEUCHTE

ARMATURENTAFEL

Mit Vierrad- oder Hinterradantrieb baute MAN die Typen 4N2/2N1; 28 PS entwickelte der Zweizylinder-M-Motor, der vom Heck aus über einen Hebel zusätzlich bedient werden konnte.

Krönung des MAN-Schlepperprogramms stellte der 45 PS starke 4R3/2R3 mit Allrad- oder Hinterradantrieb dar. Der Prospekt versprach: »Der Schlepper mit 4-Radantrieb trägt wesentlich zur Verminderung des Bodenschlupfes bei und läßt sich beispielsweise vorteilhaft im Forst, im Moor und im schwierigen Gelände einsetzen.«

MIAG AD 22

Die MIAG Mühlenbau und Industrie AG fertigte nach dem Krieg in Frankfurt am Main und in Ober-Ramstadt Zugmaschinen, Kranfahrzeuge, Elektro- und Motorkarren, Gabelstapler und auch wieder Ackerschlepper. Das Drei-Typen-Programm endete schon 1952.

Die Besonderheit der MIAG-Typen AD 22 und AD 33 war die Doppellenker-Vorderachse mit Schwingungsdämpfung. MWM-Motoren trieben diese Typen wie auch den kleinen Ackerdiesel AD 17 an.

Die Motorenfabrik München-Sendling war einst eine Pionierfirma im deutschen Traktorenbau; schon 1909 erschienen gewaltige Schlepper in Lokomobil-Bauweise. Die 1899 gegründete Motorenfabrik bot vor dem Zweiten Weltkrieg Rahmenbau- und danach bis 1957 einzylindrige Blockbauschlepper an.

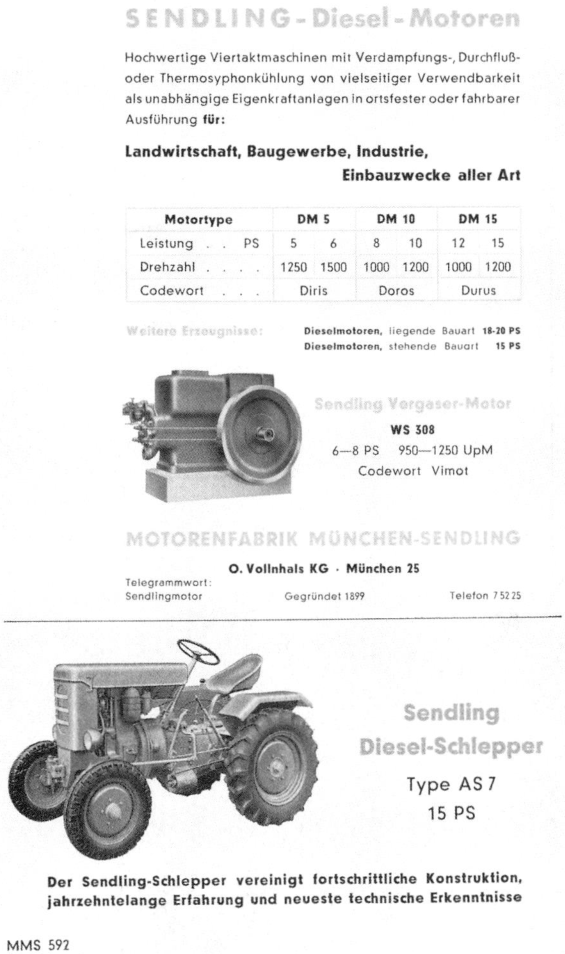

SENDLING-Diesel-Motoren

Hochwertige Viertaktmaschinen mit Verdampfungs-, Durchfluß- oder Thermosyphonkühlung von vielseitiger Verwendbarkeit als unabhängige Eigenkraftanlagen in ortsfester oder fahrbarer Ausführung **für:**

Landwirtschaft, Baugewerbe, Industrie, Einbauzwecke aller Art

Motortype	DM 5		DM 10		DM 15	
Leistung . . PS	5	6	8	10	12	15
Drehzahl	1250	1500	1000	1200	1000	1200
Codewort . . .	Diris		Doros		Durus	

Weitere Erzeugnisse: **Dieselmotoren,** liegende Bauart **18-20 PS**
Dieselmotoren, stehende Bauart **15 PS**

Sendling Vergaser-Motor
WS 308
6—8 PS 950—1250 UpM
Codewort Vimot

MOTORENFABRIK MÜNCHEN-SENDLING
O. Vollnhals KG · München 25
Telegrammwort: Sendlingmotor Gegründet 1899 Telefon 75225

Sendling Diesel-Schlepper
Type AS 7
15 PS

Der Sendling-Schlepper vereinigt fortschrittliche Konstruktion, jahrzehntelange Erfahrung und neueste technische Erkenntnisse

MMS 592

Kleinschlepper AS 7 mit 15-PS-Einzylinder-Diesel und Fünfgang-Hurth-Getriebe. Ein Universalprospekt warb für die München-Sendling-Motoren und -Schlepper.

Normag Faktor

Einen neuen Start wagte 1948 die Normag GmbH in Zorge im Harz und in Hattingen im Ruhrgebiet mit einem Vorkriegs-Zweizylindertyp. Mit eigenen Ein- und Zweizylindermotoren sowie mit Fremdaggregaten entstand ein alle damaligen Leistungsklassen abdeckendes Programm. Ein luftgekühlter, mittels Spülkolben aufgeladener Zweitakter stellte einen gelungenen Einzylindermotor dar. Nach der Übernahme durch Orenstein & Koppel endete 1958 die Normag-Schlepperfertigung.

Mitte der fünfziger Jahre überarbeitete Normag seine Schlepper. Eine leicht abgerundete Haube mit senkrechtem NZ-Normag-Zug ersetzte den bisherigen, kantigen Überbau.

Eigene Motoren, aber auch Triebwerke von Henschel, MWM und Farny und Weidmann kamen zum Einbau. Hier ein Bild mit zufriedenem Landmann auf dem Faktor II mit 20 PS.

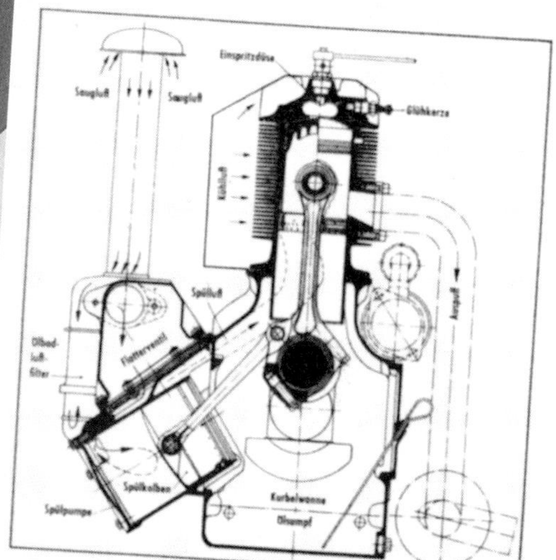

Querschnitt durch den luftgekühlten Motor des NORMAG-KORNETT II.

Luftgekühlter Normag Kornett II mit 16/18 PS starkem Zweitaktdiesel mit Spülkolben, »der dem mittelbäuerlichen Betrieb den Weg zur Vollmotorisierung öffnet«.

Stärkster Normag-Schlepper war der NG 45 L mit Vierzylinder-Henschel-Diesel. Vor ägyptischen Palmen und Pyramiden, auf amerikanischen Farmen, auf türkischen Plantagen und auf französischen Landgütern taten Normag-Schlepper ihren Dienst. Normag bot schließlich mit den Baureihen Faktor, Kornett NG 33/35 und NG 45 ein komplettes Programm an.

In dunkelgrüner Lackierung mit gelben Zierstreifen bot Deutz ab 1949 seine erste luftgekühlte Schlepperbaureihe an. Axial- und Radialgebläse (für die Ein- und Zweizylindermotoren) versorgten die Viertakt-Diesel mit Kühlluft.

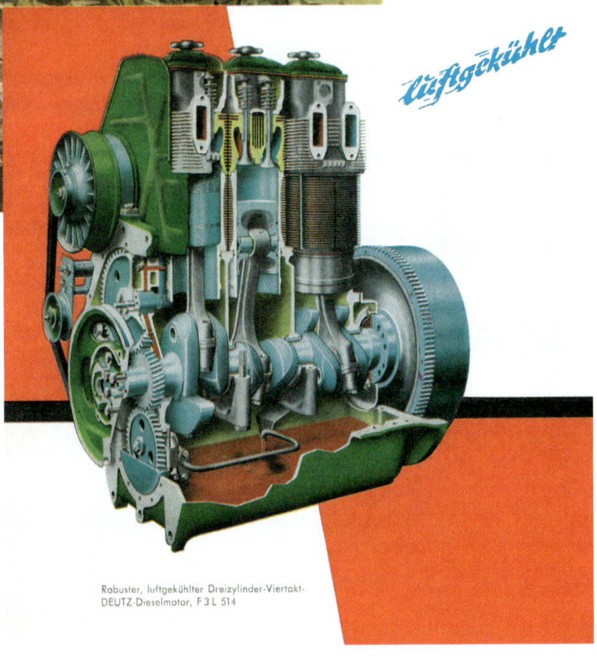

Porsche AP 18

In roter Farbgebung gehaltener AP 18 als Übergangstyp vom Allgaier zum Porsche-Diesel. Der Wirbelkammer-Diesel mit einer Axial-Luftkühlung leistete 15 PS.

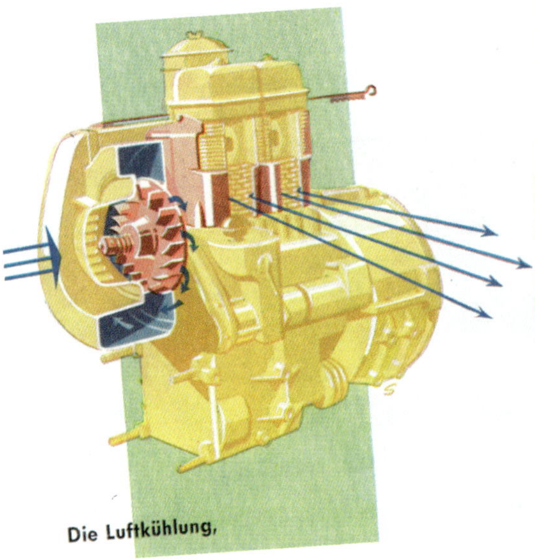

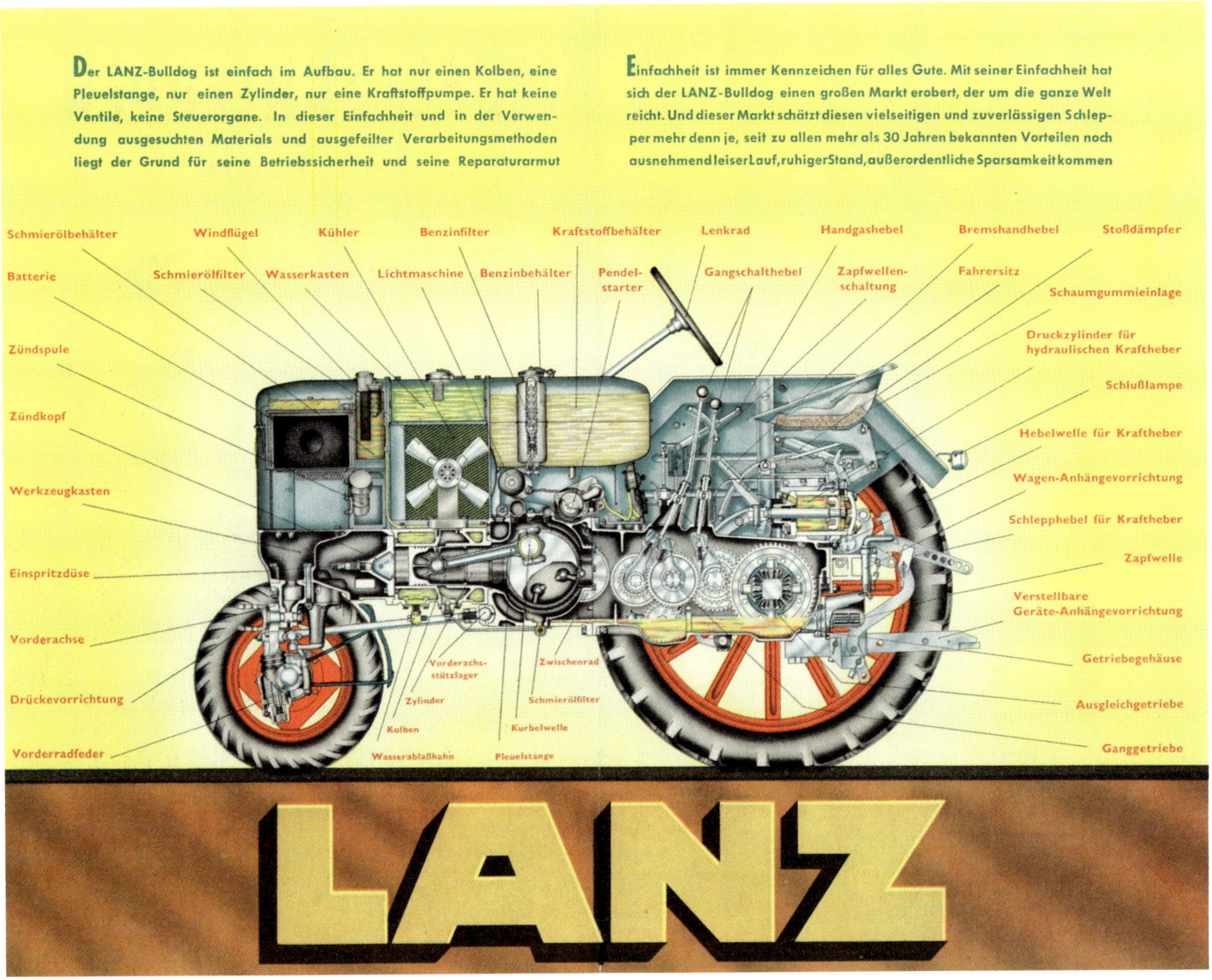

»Die Einfachheit ist immer Kennzeichen für alles Gute«, so warb Lanz 1952. Aber die Einfachheit des unruhigen Einzylinder-Triebwerkes überzeugte dann doch nicht mehr.

Der ab 1938 in Breslau von FAMO gefertigte 40-PS-Schlepper erlebte 1948 bis 1956 in Ostdeutschland eine Renaissance als IFA-Typ Pionier, da alle Fertigungsanlagen für diese solide und gelungene Konstruktion zunächst nach Zwickau verlagert worden waren.

Orenstein & Koppel in Nordhausen, während des Krieges umbenannt in MBA, startete 1949 in Lübeck einen erneuten Versuch, den Schleppermarkt zu besetzen. Mit eigenen Ein-, Zwei- und Vierzylindermotoren (letztere in V-Bauweise) wurden die Fahrzeuge ausgerüstet. Mit 75 PS war der für den Export vorgesehene S 75 A im Jahre 1953 der stärkste deutsche Schlepper. Auch hier endete 1954 die Produktion.

Die Vorderachse ist als Pendelachse ausgeführt, wodurch eine verwindungsfreie Drei-Punkt-Lagerung des gesamten Fahrzeuges erreicht wird.

Der Motor ist als stehender Einzylinder-Viertakt-Dieselmotor in der bewährten O & K-Konstruktion ausgebildet. Die wichtigsten Verschleißteile, also Kolben, Zylinderbüchsen, Pleuel, Zylinderkopf, Ölfilter, Schmierölpumpe usw. entsprechen den Teilen im 32-PS-Zweizylinder-Schlepper, d. h. sie sind untereinander austauschbar.

Der Aufbau des Motors ist robust. Er arbeitet nach dem Wirbelkammerverfahren und springt dadurch auch in der kalten Jahreszeit gut an. Die sonstigen bewährten Bauelemente moderner Fahrzeugmotoren sind selbstverständlich vorhanden, wie auswechselbare Zylinderbüchse, Wasserkühler, Kühlwasserpumpe und Ventilator, Ölumlaufschmierung mit Zahnradölpumpe, Spaltfilter für Schmieröl, Ölbadluftfilter für Ansaugeluft, Ölmanometer am Armaturenbrett.

Kupplung: Einscheibentrockenkupplung Fichtel & Sachs, K 16 Z.

Triebwerk: ZF-Triebwerk A 9 mit 5 Vorwärts- und 1 Rückwärtsgang. Eine wirksame Differentialsperre verhindert das Schleudern eines Rades und verbessert die Einsatzfähigkeit des Schleppers bei nassem Wetter und feuchtem Acker. Serienmäßig angebaut ist eine Zapfwelle mit einer Drehzahl von 540 Umdrehungen/min.

Lenkung: die bestens bewährte Roßlenkung der Zahnradfabrik Friedrichshafen.

Bremsen: Zwei Bremssysteme, eine feststellbare Handbremse, die auf das Getriebe wirkt, und eine Fußbremse, die auch als Lenkbremse verwendbar ist.

DER NEUE

O&K 18 PS DIESEL-SCHLEPPER

für Acker und Straße

ist die Weiterentwicklung des beliebten 15 PS MBA Schleppers, der in großer Zahl noch heute, nach vielen Betriebsjahren, seine Arbeit zur Zufriedenheit der Besitzer leistet.

Der 18 PS O & K-Diesel-Schlepper ist in seiner Größenklasse eine hervorragende Straßen-Zugmaschine. Auf dem Acker ist er beim Pflügen, Kultivieren und allen anderen vorkommenden Arbeiten gleich gut einsetzbar. Außerdem ist er auf dem Hof eine vielseitige Energiequelle.

ORENSTEIN & KOPPEL A.-G.

BERLIN · DORTMUND · BOCHUM · FRANKFURT-MAIN · HAMBURG · KÖLN · MÜNCHEN · STUTTGART

Der O & K-Prospekt von 1953 zeigt den einzylindrigen T 18 mit eigenem Wirbelkammer-Dieselmotor und hinterer Portalachse. Auf Wunsch konnten Verdeck und Seitenplanen geliefert werden. Schlepper mit Zwei- und Vierzylinder-V-Motoren rundeten das Programm ab.

Porsche-Diesel Junior

Die Porsche-Diesel-Motorenbau GmbH in Friedrichshafen führte die Allgaier-Produktion weiter. Bis in die Spitzengruppe der deutschen Hersteller stieg Porsche-Diesel mit den modernen, preiswerten und luftgekühlten Leichtbau-Schleppern auf. 1960-61 folgten die neuen Baureihen Junior, Standard, Super und Master. Der zum Mannesmann-Konzern gehörende Schlepperbau fertigte parallel zu den eigenen Typen MAN-Traktoren. Mit dem Ende des Schlepperbooms sank auch der rasant aufgestiegene Stern von Porsche-Diesel, so daß die Montage 1964 eingestellt wurde.

Der Motor des JUNIOR leistet jetzt 15 PS bei 2250 U/min und ist luftgekühlt. Der stehend angeordnete Zylinder wird durch ein Radialgebläse mit Kühlluft versorgt. Die für die Landwirtschaft so notwendige Betriebssicherheit des Motors wird durch den Stirnradantrieb des Radialgebläses wirksam unterstützt. Die Kühlluft wird immer in konstanter Abhängigkeit von der Motordrehzahl gefördert.

Die Kühlluft wird aus der staubfreien Zone vor dem Schlepper angesaugt und grobe Teile bereits durch ein Sieb in der Schlepperhaube abgehalten. Ein großer Lufttrichter, der durch eine Gummidichtung fest an der Schlepperhaube anliegt, führt die Kühlluft über das Radialgebläse durch einen Luftschacht an den Zylinder heran. Die Kühlluft umstrei den Zylinder und führt die Verbrennungswärme ab.

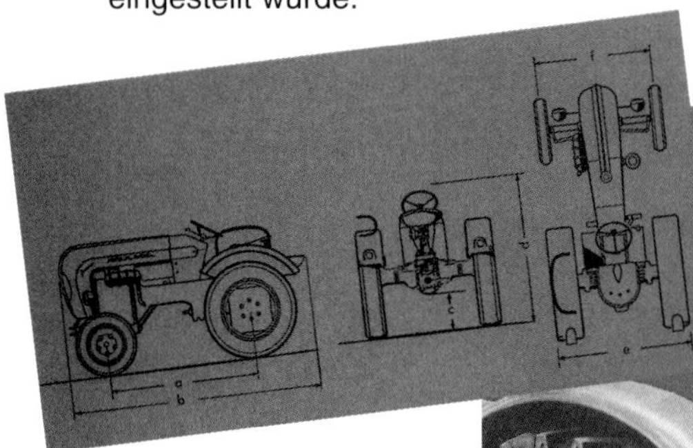

»Zur Erleichterung der Erstmechanisierung« warb Porsche-Diesel mit dem Typ Junior und einem preiswerten Gerätesatz: Luftgekühlter Einzylinder-Viertaktdiesel mit 15 PS.

Porsche-Diesel Standard

Mit dem Zweizylinder-Baukasten-Motor folgte der Standard T, ebenfalls als Tragschlepper. Die Strömungskupplung ließ ein ruckfreies Anfahren zu.

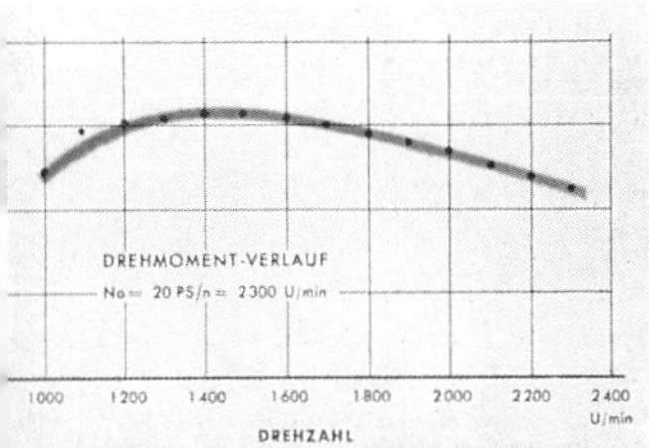

Der STANDARD T besitzt einen sparsamen, luftgekühlten 2-Zylinder-Motor mit 20 PS. Er ist startfreudig, hat einen kräftigen Anzug, ist temperamentvoll im gesamten Drehzahlbereich, hat ein großes Durchstehvermögen und ist sowohl drehmoment- wie drehzahlelastisch.

Der Kraftheber besitzt ein Hubvermögen von 400 mkg. Die Kraftheberpumpe hat einen guten Wirkungsgrad über den ganzen Arbeitsbereich. Am Kraftheber sind Anschlüsse für Frontlader, Mähwerk, Hubzylinder usw. vorhanden. Die Anhängekupplung ist höhenverstellbar.

Die Vorderachse pendelt um den Achsträger. Sie ist ausziehbar von 1140 mm jeweils um 100 mm bis auf 1540 mm. Die Hinterräder sind durch Radumschlag von der Spur 1250 auf 1500 mm verstellbar. Die Schubstangenlenkung ist leichtgängig. Sie ergibt große Wendigkeit.

Die PORSCHE-LUFTKÜHLUNG des SUPER-B macht von allen Außentemperaturen unabhängig. Luft kocht nicht und gefriert nicht und ist deshalb ein ideales Kühlmittel im rauhen Baubetrieb. Durch Regelklappen kann die Luftzufuhr gedrosselt und damit die Kaltstartzeit des Motors verkürzt werden. Bei Überschreitung der Höchsttemperatur ertönt automatisch ein Warnton. Dies ist eines der Geheimnisse, warum alle PORSCHE-DIESEL-Motoren eine so überaus lange Lebensdauer haben.

Die ölhydraulische VOITH-Strömungskupplung ist der sinnvollste Überlastungsschutz. Wenn der Motor auf vollen Touren läuft (C), wirkt das an den Gehäuserand geschleuderte Öl durch die Zentrifugalkraft wie eine feste Masse und nimmt damit das gegenüber liegende Schaufelrad mit; die Kraft wird vollständig übertragen. Sobald die Drehzahl des Motors unter 500 U/min sinkt (A), verliert das Öl seine Kupplungswirkung und Motor u. Getriebe sind automatisch getrennt. Stoßartig werden auftretende Belastungen ausgeglichen und der Motor nicht abgewürgt.

Bild A: im Stand. Bild C: Motor und Getriebe sind gekuppelt bei 500 - 2000 Umdrehungen des Motors p. Min.

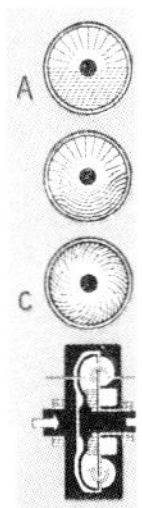

Primus

Die Primus Traktoren-Gesellschaft & Co. KG nahm 1947 in Miesbach einen neuen Produktionsanlauf. MWM- und eigene Motoren trieben den Primus an. Das Ein-, Zwei- und Dreizylinderprogramm erhielt 1957 eine Überarbeitung. Für Industriezwecke und für Schausteller bot Primus auch Elektroschlepper mit Generatoranlagen an. Titus in Worms baute die Miesbacher Erzeugnisse nach. 1960 kam das Ende für Primus.

PRIMUS

Ackerschlepper

24 PS

TECHNISCHE BESCHREIBUNG

Motor:	MWM-Zweizylinder-Viertakt-Diesel, 24 PS, bei 1500 U/min., Ölbadluftfilter
Getriebe und Hinterachse:	ZF-Triebblock mit Differentialsperre und Lenkbremsen 4 Vorwärtsgänge: 4,7-6,4-9,6-17,5 km/h 1 Rückwärtsgang: 3,8 km/h
Bereifung:	vorne 5,50-16, hinten 9,00-24 Ackerluft
Elektrische Anlage:	6 Volt, Lichtmaschine 75 Watt, Batterie 50 Ah, 2 Scheinwerfer mit Fern-, Abblend- und Standlicht, 2 Schlußlichter mit Kennzeichenbeleuchtung, Elektrohorn, Glühkerzenanlage mit elektr. Vorglühanlage, Anlasserzahnkranz; auf Wunsch elektrischer Anlasser mit 12 Volt Lichtanlage
Geräteantriebe:	Zapfwelle mit Riemenscheibe, Mähantriebskurbel
Anbauteile:	Mähvorrichtung mit Messerbalken, 5 Fuß, Mittelschnitt, Seilwinde (wird anstelle von Riemenscheibe angebaut)
Maße:	Länge 2,60 m, Breite 1,65 m, Höhe (ohne Mähwerk) 1,60, mit Mähwerk 2 m, Radstand 1,65 m, Spurweite 1,25 m, durch Umdrehen der Räder auf 1,45 m verstellbar, Wenderadius (außen) 3,50 m
Gewichte:	Normalausrüstung mit Riemenscheibe, Zapfwelle, Mähantriebskurbel 1550 kg, Mähvorrichtung 135 kg, Seilwinde einschließlich 50 m Seil 135 kg

PRIMUS Traktoren-Gesellschaft Miesbach

Johannes Köhler & Co., Kommanditgesellschaft Oberbayern

Primus warb mit einfachster Prospektaufmachung für das erste Nachkriegsmodell, den P 24, der den P 22 von 1934 ersetzte. Unter der typischen Primus-Rundhaube arbeitete ein 24-PS-MWM-Diesel.

Die Ritscher GmbH in Sprötze bei Hamburg hatte sich einen Namen mit dreirädrigen Schleppern gemacht. Auch Grabenreinigungsmaschinen in Halbkettenbauweise standen im Programm. Ab 1947 konnte Ritscher unter dem Motto »Keine Sensationen, aber solide Werkmannsarbeit« wieder drei- und vierrädrige Schlepper anbieten. Die Motoren bezog man von MWM, Primus, Bauscher, Deutz und Güldner. 1963 gab das Unternehmen die Schlepper- und Geräteträgerfertigung auf.

RITSCHER-MODELL „540“ = 40 PS

Typ „540“

Mit dieser Bezeichnung stellen wir Ihnen unser neues Baumuster „540“ vor. Als eine der **ältesten Traktorenfabriken Deutschlands** haben wir bei der Entwicklung dieses neuen Baumusters „540“ alle diejenigen Erfahrungen und Erkenntnisse zugrunde legen können, die wir **seit 1919** sammeln konnten. Da wir seit jeher unsere Traktoren in allen Teilen — ausgenommen den Motor — in eigenen Werken herstellen, konnten besonders wir uns auf die Belange der Landwirtschaft einstellen. Die nach dem Kriege mit unseren 25 und 28 PS-Schleppern im In- und Ausland gesammelten Erfahrungen haben wir bei der Konstruktion unseres Typs „540“ praktisch umsetzen können.

Bei der Entwicklung unseres Modells „540“ sind wir bewußt von dem Modell „528“ ausgegangen, welches unter schwierigsten Einsatzverhältnissen seine Bewährungsprobe ablegen konnte.

Das Baumuster „540“ ist mit einem besonders stark ausgelegten **Original-Ritscher-Getriebe** ausgerüstet, welches 5 Vorwärtsgänge und 1 Rückwärtsgang besitzt. Wie unser Modell „528“ verfügt unser Baumuster „540“ als einziger deutscher Schlepper dieser Kategorie über die Möglichkeit der **Spurverstellung** sowohl auf der Vorderachse als auch auf der Hinterachse innerhalb eines Bereiches von 1250 — 1800 mm. Bei Verwendung einer Sonderfelge kann die Spurweite sogar auf 2000 mm eingestellt werden.

Der von uns bei diesem Baumuster bevorzugte **Original-MWM-Benz-Motor** vom Typ KDW 415 D darf als einer der besten in Deutschland hergestellten Spezial-Diesel-Motore für Schlepper angesehen werden.

Mit dem Baumuster „540“ haben wir durch außerordentlich günstige Gewichtsverteilung ein Maximum an Zugleistung erreichen können.

Das äußere Bild des Schleppers vermittelt bei bestechend schönem Aussehen jedem Interessenten den übersichtlichen, vor allem unkomplizierten Aufbau dieser Maschine.

Wir bieten Ihnen mit unserem Modell „540“ infolge Selbstherstellung aller wesentlichen Teile in eigenen Werken und durch Verwendung des neuen starken Original-Diesel-MWM-Motors ein Höchstmaß an Einsatzfähigkeit und Betriebssicherheit.

Motor:	3-Zylinder 40 PS-MWM-Motor KDW 415 D, Hubraum 3 540 cm^3
Bereifung:	vorn 6.50—20 hinten 13—30
Getriebe:	Ritscher-Spezial-Fünfganggetriebe

Ab 1952 fertigte Ritscher den Typ 540 als Universalmaschine für nasse Böden, wobei eine Spurverstellung und hohe Bodenfreiheit das Fahrzeug auszeichneten.

Ruhrstahl Geräteträger

Das Annener Gußstahlwerk Ruhrstahl AG in Witten realisierte 1951 die von dem Landmaschinen-Fabrikanten Heinrich Hildebrand entworfene Geräteträger-Konzeption. Das Konzept mit den drei Anbaumöglichkeiten für Geräte erwies sich jedoch als zu teuer und eilte der Zeit zu weit voraus. 1954 verabschiedete sich das Werk vom Geräteträgerbau.

Noch vor dem Lanz Alldog war die Ruhr stahl-Landmaschine der erste in größeren Stückzahlen gebaute Geräteträger. Zwar komplett mit Zusatzgeräten, aber als Zweitgerät zu teuer für den Landwirt.

Die Motorenfabrik Anton Schlüter München GmbH fertigte ab 1937 Ackerschlepper. Im München-Freisinger Werk begann 1946 die Neuproduktion. Bereits 1953 bot man ein Programm mit Schleppern bis zu 60 PS an, ein luftgekühlter Typ kam hinzu. Ab 1965 konzentrierte sich Schlüter auf Kleinserien schwerer und schwerster Schlepper bis zu 320 PS. 1993 beendete das Werk die Produktion.

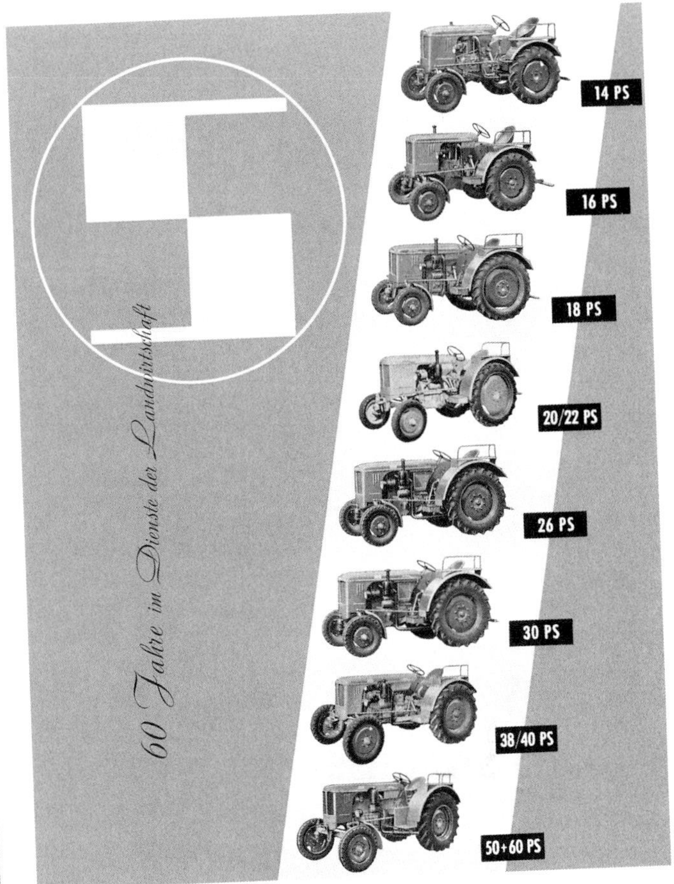

Schlüter präsentierte 1958 – »60 Jahre im Dienst der Landwirtschaft« – ein vollständiges Programm von 14- bis 60-PS-Schleppern. Der kleinste Typ besaß ein eigenes luftgekühltes Triebwerk.

Schlüter warb 1953 mit einem graphisch überzeugenden Prospekt. Im Vordergrund der Schlüter-Zweizylindertyp AS 25 inmitten eines blühenden Feldes. Aussage: Ein Schlüter-Schlepper ist ein Garant für hohe Ertragskraft und für eine glückliche Bäuerin.

Schmotzer Geräteträger

Seit 1920 belieferte die Maschinenfabrik H. Schmotzer GmbH die Landwirtschaft mit Spezialtraktoren. Von 1954 bis 1958 verließen Schmotzer-Kombimodelle mit Stihl-, Farny-, Weidmann- oder VW-Motoren sowie mit einer kleinen Ladepritsche das Werk in Bad Windsheim.

Der Schmotzer Kombi – kein Zugtraktor, sondern ein Bodenbearbeitungsgerät – besaß wie ein Geräteträger drei Arbeitsräume. Die Spur ließ sich bis auf 2,50 Meter verstellen. Von zwei Plätzen aus konnte das 14 oder 18 PS starke Modell gesteuert werden. Ein ähnliches Gerät baute Tröster als Typ Hassia in Butzbach.

Die Maschinenfabrik Stihl KG in Waiblingen entwickelte 1948 für die stark parzellierte süddeutsche Landwirtschaft einen Leichtschlepper in Wespentaillenbauart. Der luftgekühlte Zweitakt-Dieselmotor, später auch in Zweizylinderausführung, stellte eine vielbeachtete Konstruktion dar. 1963 gab Stihl die Schleppermontage auf.

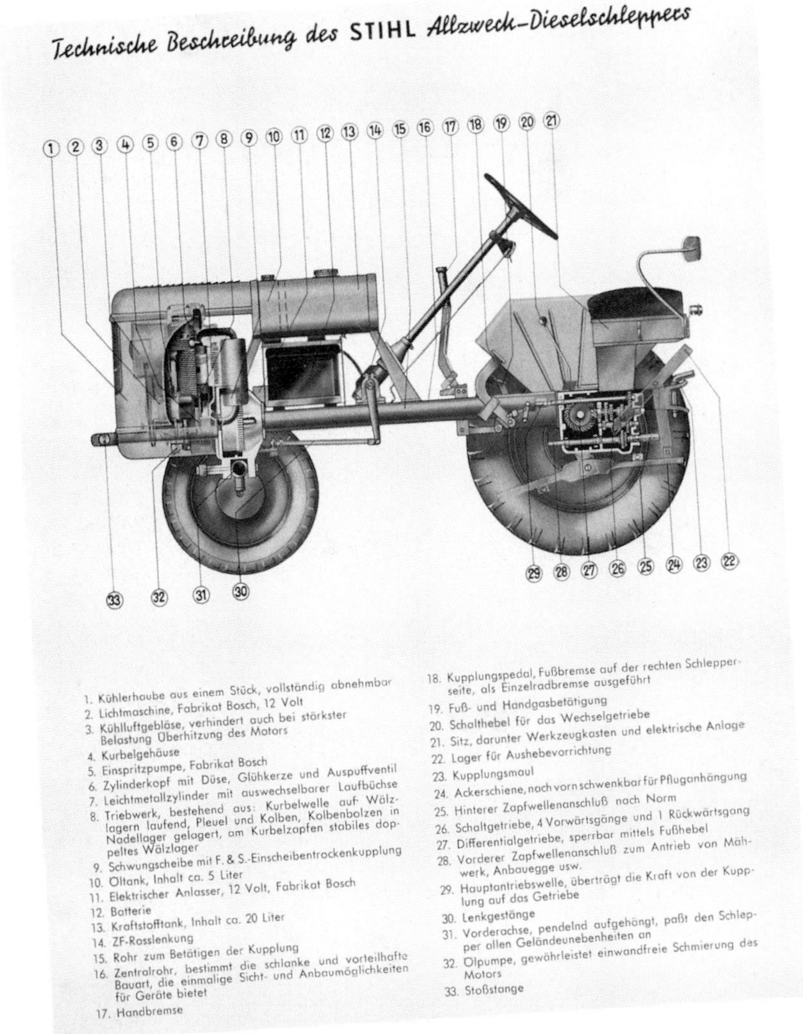

Technische Beschreibung des STIHL *Allzweck-Dieselschleppers*

1. Kühlerhaube aus einem Stück, vollständig abnehmbar
2. Lichtmaschine, Fabrikat Bosch, 12 Volt
3. Kühlluftgebläse, verhindert auch bei stärkster Belastung Überhitzung des Motors
4. Kurbelgehäuse
5. Einspritzpumpe, Fabrikat Bosch
6. Zylinderkopf mit Düse, Glühkerze und Auspuffventil
7. Leichtmetallzylinder mit auswechselbarer Laufbüchse
8. Triebwerk, bestehend aus: Kurbelwelle auf Wälzlagern laufend, Pleuel und Kolben, Kolbenbolzen in Nadellager gelagert, am Kurbelzapfen stabiles doppeltes Wälzlager
9. Schwungscheibe mit F. & S.-Einscheibentrockenkupplung
10. Öltank, Inhalt ca. 5 Liter
11. Elektrischer Anlasser, 12 Volt, Fabrikat Bosch
12. Batterie
13. Kraftstofftank, Inhalt ca. 20 Liter
14. ZF-Rosslenkung
15. Rohr zum Betätigen der Kupplung
16. Zentralrohr, bestimmt die schlanke und vorteilhafte Bauart, die einmalige Sicht- und Anbaumöglichkeiten für Geräte bietet
17. Handbremse
18. Kupplungspedal, Fußbremse auf der rechten Schlepperseite, als Einzelradbremse ausgeführt
19. Fuß- und Handgasbetätigung
20. Schalthebel für das Wechselgetriebe
21. Sitz, darunter Werkzeugkasten und elektrische Anlage
22. Lager für Aushebevorrichtung
23. Kupplungsmaul
24. Ackerschiene, nach vorn schwenkbar für Pfluganhängung
25. Hinterer Zapfwellenanschluß nach Norm
26. Schaltgetriebe, 4 Vorwärtsgänge und 1 Rückwärtsgang
27. Differentialgetriebe, sperrbar mittels Fußhebel
28. Vorderer Zapfwellenanschluß zum Antrieb von Mähwerk, Anbauegge usw.
29. Hauptantriebswelle, überträgt die Kraft von der Kupplung auf das Getriebe
30. Lenkgestänge
31. Vorderachse, pendelnd aufgehängt, paßt den Schlepper allen Geländeunebenheiten an
32. Ölpumpe, gewährleistet einwandfreie Schmierung des Motors
33. Stoßstange

Ein Zentral-Rohrrahmen und ein eigener luftgekühlter 1-Zylinder-Zweitakt-Diesel mit 12/14 PS machten den Stihl-Schlepper interessant: Erster Leichtschlepper im Wepentaillendesign.

Sulzer S 13

Der Ignaz Sulzer Maschinen- und Fahrzeugbau in Harthausen bei Augsburg übernahm 1952 als typischer Konfektionshersteller die einstigen Gutbrod- und Linke-Hofmann-Typen. Mit dem 1959 erschienenen Tragschlepper SA 25 LT versuchte Sulzer bis 1961, ein eigenständiges Programm zu entwickeln. Motoren wurden nach Kundenwunsch eingebaut.

Technische Daten:

Motor: 14 [redacted] PS Deutz-Diesel-Motor, luftgekühlt

Getriebe: In Ölbad laufendes Blockgetriebe mit Riemenscheibe, Zapfwelle, Differentialsperre, Einzelradbremse, Mähantrieb, 6 Vorwäts-, 2 Rückwärtsgänge

Geschwindigkeiten:
1. Gang 1,5 km/h
2. Gang 2,4 „
3. Gang 4,1 „
4. Gang 5,9 „
5. Gang 9,8 „
6. Gang 16,5 „
R. Gang 1,0 „
R. Gang 4,1 „

Vorderachse: Kräftige Pendelachse mit Kegelrollenlagerung

Bremsen: Fußbremse auf Hinterräder wirkend, feststellbar als Handbremse

Bereifung: 4,00x16 vorn, 7 – 24 AS hinten

Elektr. Ausrüstung: kompl. Licht- und Anlasser-Anlage 12 Volt Lichtmaschine, Batterie, 2 Scheinwerfer, 2 Schlußleuchten, Horn

Gewicht: Fahrbereite Maschine in Grundausrüstung 890 kg

Maße: Länge 2700 mm, Breite 1550 mm, Höhe 1500 mm, Radstand 1730 mm

Grundausrüstung: Kompl. fahrbereite Maschine mit Anlasser und Lichtanlage 12 Volt, Anhängekupplung hinten und vorne, Ackerschiene offen, Kotflügelsitze links und rechts, Zapfwelle normal und fahrabhängig schaltbar, Differentialsperre, Einzelradbremse, Hand- und Fußgas, Bodenbleche, Öldruckmesser, Andrehkurbel, Werkzeug, Ölfüllung Motor und Getriebe, 5 l Kraftstoff, Fahrzeugbrief

Sonderzubehör: Mähantrieb, Riemenscheibe, Mähwerk, Kotflügel vorne, Steckdose, Hydraulik mit Geräte-Kupplung, Vorderachsfederung, geschlossene Ackerschiene

Bereifung: 8-24 oder 7-30

Änderung in Konstruktion und Ausstattung vorbehalten.

Ein mit Schreibmaschine im Preis ergänzter Sulzer-Prospekt: 5 Prozent Teuerungszuschlag im Jahre 1958. Der S 13 L war als Konfektionsschlepper mit einem Deutz-Diesel bestückt.

Aus einer Verwertungsgesellschaft für ausgemusterte US-Fahrzeuge war das Ursus-Traktorenwerk in Wiesbaden entstanden. Ausgehend von der Allradtechnik des Jeeps entwickelte das Unternehmen leichte und auch schwere Allradschlepper mit interessanten technischen Finessen.

„BAMBI" DER SCHLEPPER FÜR ALLE ZWECKE

„Bambi" mit Zweiwege-Pflug — „Bambi" mit Anbau-Egge — „Bambi" mit Anbau-Grubber

„Bambi" mit Mähbinder — „Bambi" kippsicher — „Bambi" mit 3 t Anhänger

Die wichtigsten Merkmale des

„Bambi" Zweiwegeschleppers mit Vierradantrieb

sind:

- Allrad-Antrieb
- Allrad-Lenkung
- Wendegetriebe
- Allrad-Bremsung
- Pendelnde Radträger
- Drehbarer Sitz

Der **ALLRAD-ANTRIEB** hat sich bei allen Urus-Schleppern seit Jahren bestens bewährt. Er ermöglicht hohe Zugkraft bei geringem Bodendruck und Schlupf, Einsatz bei schwierigen Gelände- und Bodenverhältnissen, wie Hang, Böschung, Gräben und aufgeweichtem Boden, sowie sichere Spurhaltung.

Durch die Verbindung von **ALLRAD-ANTRIEB** mit **ALLRAD-LENKUNG, WENDEGETRIEBE** und **drehbarem Sitz** ist erstmalig ein **gleic gutes Vor- und Rückwärtsfahren** möglich ohne die beim Normalschlepper auftretenden Schwierigkeiten, wie Durchrutschen der Antriebsräder und unsichere Lenkung. Als **vollwertiger ZWEIWEGESCHLEPPER** wird der „Bambi" mit einem in beiden Fahrtrichtung arbeitenden Pflug ausgerüstet. Das besonders am Hang unerwünschte und gefährliche Drehen des Schleppers am Furchenende fällt for, es wird Zeit und Kraft gespart. Zwei **pendelnde Radträger** verleihen dem Schlepper eine bisher unerreichte **Geländegängigkeit** und **Kippsicherheit.** Für Arbeiten am steilen Hang ergeben sich somit ganz neue Möglichkeiten.

Erstmalig wird bei dem „Bambi"-Schlepper die aus Kreisen der Landwirtschaft immer wieder erhobene Forderung nach **rückwärtsfahren dem Schlepper** mit **frontal angebauten Geräten** vollkommen erfüllt. **Frontvielfachgerät, Frontmähwerk** für Gras und Getreide sowie **Frontbinder** können im Blickfeld des Fahrers angebaut werden. Das lästige Anmähen von Hand fällt fort.

Die **Allrad-Lenkung** ermöglicht gute Wendigkeit und ein einwandfreies Abrollen aller 4 Räder in den Kurven, wobei Vorder- und Hinterräder stets in einer Spur laufen.

TECHNISCHE EINZELHEITEN

Bauart: Motor-Getriebeblock mit 2 pendelnden Radträgern.

Motor: Sadis-Dieselmotor 10 PS, wassergekühlt, Einzylinder-Zweitakter, Bosch-Einspritzpumpe und Düse, Bosch-Frischölschmierung, Ölbadluftfilter, automatischer Drehzahlregler.

Kraftstoffverbrauch: Durchschnittlich 0,8 Ltr. pro Stunde bei Vollast (Inhalt des Kraftstoffbehälters 13 Ltr.)

Schmierölverbrauch: ca. 80 ccm/h (Inhalt des Schmierölbehälters 3 Ltr.)

Kupplung: F & S Einscheiben-Trockenkupplung.

Getriebe: 4 Vorwärts- und 4 Rückwärtsgänge (Wendegetriebe), Vollölbad, abschaltbare Zapfwelle mit 555 Upm

Antrieb: Elastischer Antrieb aller 4 Räder durch stark bemessene, im Ölbad laufende Rollenketten.

Lenkung: ZF-Ross-Lenkung, Allrad-Lenkung.

Bremsen: Feststellbare Innenbackenbremsen auf alle 4 Räder wirkend, Lenkbremse.

Elektrische Ausrüstung: Lichtmaschine 6 Volt, Batterie, 2 Scheinwerfer mit Standlicht, 2 Schlußlampen, Signalhorn, auf Wunsch Anlasser.

Zapfwelle: 555 Upm.

Bereifung: 6-24 AS vorn und hinten.

Maße:

Länge	208 cm
Breite	150 cm
Höhe	140 cm
Spurweite	125 cm
Radstand	118 cm
Bodenfreiheit	ca. 30 cm
Kleinster Wenderadius mit Lenkbremse	175 cm
ohne Lenkbremse	320 cm

Eigengewicht: ca. 660 kg

Geschwindigkeiten vor- und rückwärts: 1. Gang 2,9; 2. Gang 4,85; 3. Gang 7,4; 4. Gang 15,0

Sonderausrüstung: Aufsteckbare Riemenscheibe, Reifenfüllpumpe, Betriebsstundenzähler, Handaufzug für Geräte, Anbaupflug vor- und rückwärts arbeitend, Grubber, Egge, Vielfachgerät, Seitenmähwerk und Frontmähwerk u. a.

Änderung der Konstruktion und Ausführung vorbehalten

URSUS TRAKTOREN-WERK G.M.B.H. WIESBADEN

MAINZER STRASSE 180 - FERNSPRECHER 66244—46

16-3000-X/54-Lb.

Als vollwertigen Zweitschlepper pries das Ursus-Werk den Typ Bambi an. Ein Wendegetriebe mit zentraler Welle gab die Kraft über Rollenketten auf die pendelnden Vorder- und Hinterräder ab.

VEB Brandenburg Aktivist

Das VEB IFA Traktorenwerk Brandenburg entstand aus dem einstigen Brennabor-Werk. Man baute dort in 700 Exemplaren einen extrem kurzen Zweizylinder-Schlepper mit querstehendem 30-PS-V-Motor, basierend auf einem O & K-Konzept. 80 Prozent der Produktion machten Raupenschlepper der ehemaligen FAMO-Konstruktion aus und verließen das Werk als Reparationsleistungen an die Sowjetunion.

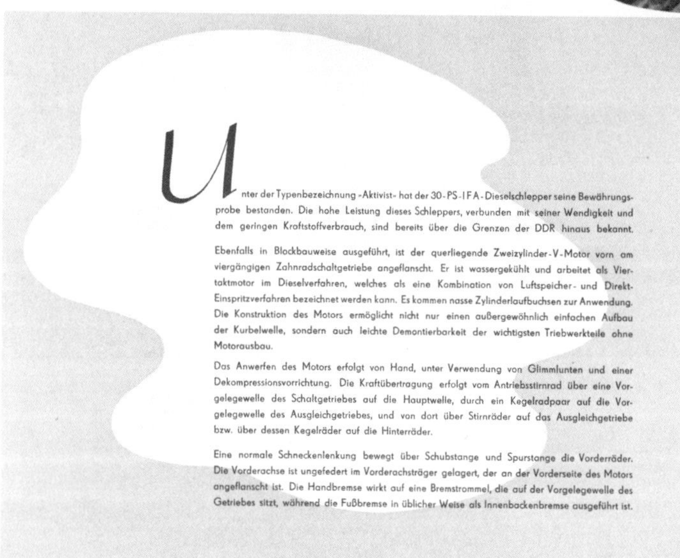

Unter der Typenbezeichnung »Aktivist« hat der 30-PS-IFA-Dieselschlepper seine Bewährungsprobe bestanden. Die hohe Leistung dieses Schleppers, verbunden mit seiner Wendigkeit und dem geringen Kraftstoffverbrauch, sind bereits über die Grenzen der DDR hinaus bekannt.

Ebenfalls in Blockbauweise ausgeführt, ist der querliegende Zweizylinder-V-Motor vorn am viergängigen Zahnradschaltgetriebe angeflanscht. Er ist wassergekühlt und arbeitet als Viertaktmotor im Dieselverfahren, welches als eine Kombination von Luftspeicher- und Direkt-Einspritzverfahren bezeichnet werden kann. Es kommen nasse Zylinderlaufbuchsen zur Anwendung. Die Konstruktion des Motors ermöglicht nicht nur einen außergewöhnlich einfachen Aufbau der Kurbelwelle, sondern auch leichte Demontierbarkeit der wichtigsten Triebwerkteile ohne Motorausbau.

Das Anwerfen des Motors erfolgt von Hand, unter Verwendung von Glimmlunten und einer Dekompressionsvorrichtung. Die Kraftübertragung erfolgt vom Antriebsstirnrad über eine Vorgelegewelle des Schaltgetriebes auf die Hauptwelle, durch ein Kegelradpaar auf die Vorgelegewelle des Ausgleichgetriebes, und von dort über Stirnräder auf das Ausgleichgetriebe bzw. über dessen Kegelräder auf die Hinterräder.

Eine normale Schneckenlenkung bewegt über Schubstange und Spurstange die Vorderräder. Die Vorderachse ist ungefedert im Vorderachsträger gelagert, der an der Vorderseite des Motors angeflanscht ist. Die Handbremse wirkt auf eine Bremstrommel, die auf der Vorgelegewelle des Getriebes sitzt, während die Fußbremse in üblicher Weise als Innenbackenbremse ausgeführt ist.

Eine der bekanntesten DDR-Schleppermodelle war der 30-PS-Aktivist. »Die hohe Leistung dieses Schleppers, verbunden mit seiner Wendigkeit und dem geringen Kraftstoffverbrauch, sind über die Grenzen der DDR hinaus bekannt geworden«, verkündete der Prospekt.

Das erst demontierte, dann verstaatlichte und teilweise wiedereingerichtete Werk der Maschinenbau und Bahnbedarf AG (MBA), vormals Orenstein & Koppel, in Nordhausen/Thüringen startete als VEB IFA Schlepperwerk Nordhausen mit der Brockenhexe. Größeren Erfolg hatte indes der Weiterbau des Breslauer FAMO-Modells als Typ Pionier. 1956 folgten die luft- und wassergekühlten Reihen Favorit und Famulus. Nach 69.694 Exemplaren stellte das Werk 1965 die Fertigung zugunsten des neuen Schlepperwerkes in Schönebeck ein und spezialisierte sich auf die Motorenproduktion.

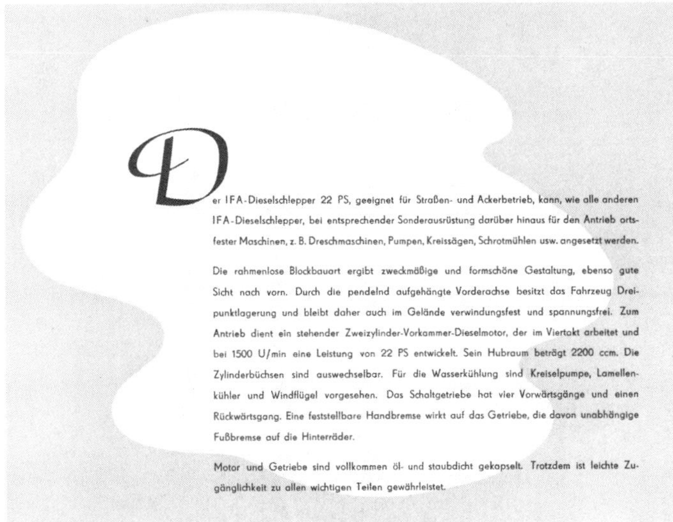

Der IFA-Dieselschlepper 22 PS, geeignet für Straßen- und Ackerbetrieb, kann, wie alle anderen IFA-Dieselschlepper, bei entsprechender Sonderausrüstung darüber hinaus für den Antrieb ortsfester Maschinen, z. B. Dreschmaschinen, Pumpen, Kreissägen, Schrotmühlen usw. angesetzt werden.

Die rahmenlose Blockbauart ergibt zweckmäßige und formschöne Gestaltung, ebenso gute Sicht nach vorn. Durch die pendelnd aufgehängte Vorderachse besitzt das Fahrzeug Dreipunktlagerung und bleibt daher auch im Gelände verwindungsfest und spannungsfrei. Zum Antrieb dient ein stehender Zweizylinder-Vorkammer-Dieselmotor, der im Viertakt arbeitet und bei 1500 U/min eine Leistung von 22 PS entwickelt. Sein Hubraum beträgt 2200 ccm. Die Zylinderbüchsen sind auswechselbar. Für die Wasserkühlung sind Kreiselpumpe, Lamellenkühler und Windflügel vorgesehen. Das Schaltgetriebe hat vier Vorwärtsgänge und einen Rückwärtsgang. Eine feststellbare Handbremse wirkt auf das Getriebe, die davon unabhängige Fußbremse auf die Hinterräder.

Motor und Getriebe sind vollkommen öl- und staubdicht gekapselt. Trotzdem ist leichte Zugänglichkeit zu allen wichtigen Teilen gewährleistet.

Mit abgerundeter O & K-Haube bot das Nordhäuser Werk ab 1949 die Brockenhexe an. Der 22-PS-Motor entstammte einer Deutz-Lizenz, die später entzogen wurde.

Als Ablösemodell für den Pionier gedacht, war der zweizylindrige RS 04 mit einem 30-PS-Diesel leistungsmäßig zu schwach. Der Allzweckschlepper besaß eine hydraulische Kraftheberanlage.

30 - PS - DIESEL - SCHLEPPER TYP RS 04

Mit dieser Type stellt sich ein Allzweck-Ackerschlepper vor, der vornehmlich für die Erfordernisse der Landwirtschaft geschaffen wurde.

Er ist mit einem Zweizylinder-Viertakt-Dieselmotor Type EM 2-15 ausgestattet, der nach dem Wirbelkammerverfahren arbeitet. Der robuste 24-Volt - 4 PS Anlasser sichert ein gutes Anlassen auch bei kalter Witterung. Der Motor leistet bei 1500 U/min 30 PS.

Das Schleppergetriebe hat fünf Vorwärts- und einen Rückwärtsgang, sowie für den Betrieb mit Pflanzensetzmaschine einen Kriechgang. Hierdurch ist ein genaues Anpassen der Fahrgeschwindigkeit an die jeweiligen Arbeitsgänge gegeben. Mit dem Motor ist das Getriebe durch eine Einscheiben-Trockenkupplung verbunden.

Der Schlepper besitzt eine auf das Getriebe wirkende feststellbare Handbremse und eine auf die Hinterräder wirkende Fußbremse. Letztere kann auch so eingestellt werden, daß zur Erreichung einer kurzen Wendung jedes Rad einzeln abgebremst werden kann.

Serienmäßig wird der RS 04 mit einer hinteren Zapfwelle ausgestattet, die bei 1500 Umdrehungen des Motors 540 U/min läuft. Ferner ist eine vordere Zapfwelle vorhanden, deren Drehzahl von der Kurbelwelle abhängig ist, da sie mit dieser direkt gekuppelt werden kann.

Auf Wunsch kann der Schlepper mit einer Riemenscheibe ausgerüstet werden, die einen Durchmesser von 280 mm und eine Breite von 140 mm hat und bei einer Drehzahl von 1420 U/min eine Riemengeschwindigkeit von 20 m/sec erreicht.

Mit der eingebauten hydraulischen Kraftheberanlage kann die Anhängeschiene von der untersten Stellung = 300 mm über Erdboden um 340 mm gehoben werden. Durch das sinnreiche Steuerorgan kann diese Mechanik ausgeschaltet werden und dafür auf die hydraulische Betätigung eines Mistladers oder eines hydraulischen Kippanhängers umgeschaltet werden.

Das Fahrzeug ist so ausgebildet, daß es möglich ist, einen Front- oder Seitenmähbalken, oder einen hydraulischen Mistlader anzubauen. Die ersteren werden von der vorderen Zapfwelle angetrieben.

Der Schlepper wird ferner serienmäßig mit einer Spezial-Luftfilteranlage, bestehend aus Zyklon und Ölbadfilter, ausgerüstet. Durch diese Filterkombination wird bei denkbar geringstem Wartungsaufwand größter Schutz gegen Kolben- und Zylinderbüchsenverschleiß erreicht. Der Auspuff ist mit einem Funkenzyklon versehen, wodurch unbedingte Sicherheit gegen Brandgefahr, insbesondere bei Drescheinsatz und Erntearbeiten, gewährleistet ist. Da der Funkenzyklon durch eine Staubabzugsleitung mit dem Ansaugzyklon verbunden ist, wird der in letzterem anfallende Staub sofort wieder abgezogen und mit den Auspuffgasen herausgeschleudert.

Soweit der Schlepper für den Ackereinsatz bestimmt ist, kann Mitlieferung eines Rückscheinwerfers zur Beleuchtung der Ackergeräte erfolgen.

Serienmäßig erhält der Schlepper eine Reifenfüllpumpe.

Der gefederte Polstersitz ermöglicht dem Schlepperfahrer ein bequemes Sitzen und schützt ihn vor Stößen. Ein Notsitz, der gleichzeitig als Werkzeugkasten ausgebildet ist, gestattet die Mitnahme von einem Beifahrer.

TECHNISCHE DATEN

Motor			Diesel: EM 2–15 wassergefüllt
Arbeitsverfahren			Viertakt
Zylinder			2, in Reihe
Bohrung		mm	115
Hub		mm	145
Hubraum		cm³	3012
Drehzahl		U/min	1500
Leistung		PS	30
Kraftstoffverbrauch		g/PS/h	235
Fahrgeschwindigkeiten		km/h	
	normal		mit Kriechgang
1. Gang	3,6		1,07
2. Gang	5,0		1,41
3. Gang	6,7		2,00
4. Gang	10,8		3,22
5. Gang	18,0		5,36
R. Gang	4,3		1,28
Größte Länge		mm	3500
Größte Breite		mm	1600
Größte Höhe mit Fahrerh.		mm	2400
Radstand		mm	2000
Spurweite normal		mm	1250
wenn ein Rad umgesteckt		mm	1375
wenn beide Räder umgest.		mm	1500
Bodenfreiheit		mm	470
Kleinster Wenderadius		m	4,00
bei Einzelradbremsung		m	3,50
Eigengewicht		kg	2500
Bereifung vorn			6,00–20
Bereifung hinten			9,00–40
Zapfwellendrehzahl		U/min	540
Kraftstoffvorrat		Ltr.	45
Anhängerkupplung			automatisch

Änderungen vorbehalten!

Von 1956 bis 1961 entstanden 8200 wasser- und luftgekühlte Schlepper vom Typ RS 14/30. Auf Wunsch wurde zusätzlich ein Vorderradantrieb eingebaut.

DIESEL-MEHRZWECKRADSCHLEPPER RS 14/30 „FAMULUS"

Jahrelange Erfahrungen im Schlepperbau waren die Grundlage für die Konstruktion dieses 33-PS-Diesel-Schleppers für die Landwirtschaft, der mit vielen Vervollkommnungen ausgestattet ist.

Hohe Leistung, sparsamer Kraftstoffverbrauch, leichte, bequeme Bedienung und Wartung und eine vielseitige Verwendungsmöglichkeit

sind die hauptsächlichsten Vorzüge dieses Mehrzweckradschleppers, der beim Einsatz mit seinen vielen Anbau- und Anhängegeräten eine wesentliche Arbeitskraft- und Zeiteinsparung bringt.

Der Motor des RS 14/30 „Famulus"

ist ein robuster Viertakt-Diesel-Motor mit einer Dauerleistung von 33 PS. Er arbeitet nach dem Wirbelkammer-Verfahren und gewährleistet höchste Ausnutzung der Kraftstoffenergien.

Die Verbindung zwischen Motor und Zweigruppen-Schaltgetriebe

wird von einer Einscheibentrockenkupplung hergestellt. 10 Vorwärts- und 2 Rückwärtsgänge erlauben eine Geschwindigkeitsregelung von 1,2 bis 24 km/h.

Die Differentialsperre

wird mit dem Fuß betätigt und verhindert ein Rutschen der Räder auf schlüpfrigem Boden.

Ein Vorderradantrieb

der durch die vordere Zapfwelle erfolgt und aus dem RS 14/30 „Famulus" ein vierrad-getriebenes Fahrzeug macht, kann auf Wunsch vorgesehen werden. Hierdurch wird bei ungünstigen Bodenverhältnissen größere Zugleistung und Schlupffestigkeit erreicht.

Famulus

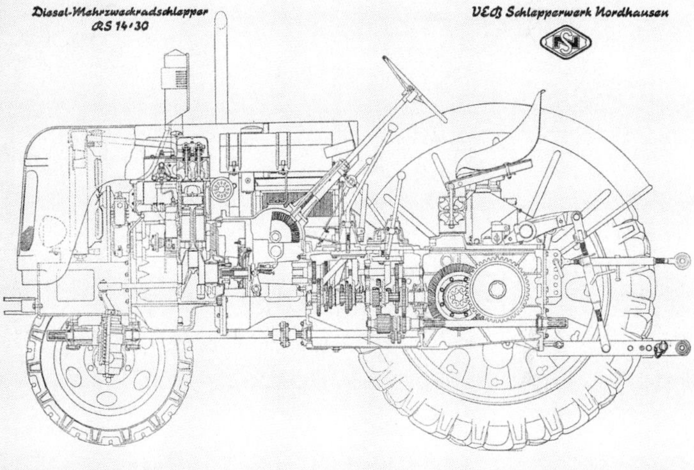

VEB SCHLEPPERWERK NORDHAUSEN

EXPORTEUR

TRANSPORTMASCHINEN EXPORT-IMPORT

DEUTSCHER INNEN- UND AUSSENHANDEL BERLIN W8

DEUTSCHE DEMOKRATISCHE REPUBLIK

W/V/13/1 - 1009 Wj - Rk 1357160

Tracteur Diesel, à roues, à usages multiples RS 14

Avec le tracteur à roues, à usages multiples „FAMULUS 36" l'utilisateur dispose d'un tracteur de 36 cv monteur.

Par rapport au RS 14/30 qui a fait ses preuves, on a considéré ici plus particulièrement une amélioration de la puissance et l'élargissement des possibilités d'utilisation, et ce, avec un minimum de modifications dans la construction.

1. Disposition d'une réserve de puissance dans des travaux exigeant une puissance au moteur d'environ 30 cv.
2. Augmentation à 30 cv de la puissance de la prise de force proportionnelle à l'avancement.
3. Amélioration du poids en fonction de la puissance.

De même conception que le RS 14, le FAMULUS 36 peut être équipé avec des appareils de binages, soit entre essieux, soit frontaux. De plus, il est possible de faire fonctionner avec le tracteur des outils portés munis de vérins hydrauliques propres. Un crochet d'attelage donne une sécurité absolue de jonction avec les remorques. Le RS 14/36 devient ainsi un tracteur à roues à usages multiples, parfait pour les travaux des champs, la préparation des semailles, les travaux d'ensemencement et d'entretien, de récolte et de transport, ainsi que pour les travaux de ferme et d'écurie, et les travaux avec poulie. Pour obtenir des puissances de traction plus élevées, il est possible d'augmenter l'adhérence des roues motrices par gonflage à l'eau.

Le RS 14/36 est fabriqué avec 98% des pièces du RS 14/30 de série. Les pièces de rechange sont donc interchangeables, ce qui permet avec un stock réduit l'entretien parfait de la gamme RS 14.

CARACTERISTIQUES TECHNIQUES:

Moteur

Diesel	4 temps
nombre de cylindres	2 en ligne
disposition:	verticaux
alésage:	120 mm ∅
cylindrée:	145 mm
régime:	1650 t/min
puissance:	36 CV refroidi par eau 33 CV refroidi par air

Dimensions principales

longueur:	3410 mm
largeur:	1700 mm
hauteur avec cabine:	2380 mm
empattement:	1936 mm
garde au sol:	425 mm
largeur de voie: règlable	
roues avant:	1250, 1350, 1450, 1550, 1650 mm
roues arrière:	1300, 1400, 1500, 1600, 1700 mm

Gestaltung: DEWAG-WERBUNG Erfurt · W · V · 13 · 1 · 232 Wj · AG 50 · 8 · 26 · 63

Für den Export des Famulus 36 nach Algerien entwarf die staatliche Dewag-Werbung diesen in Französisch gehaltenen Prospekt. Genau 1927 wasser- und 13.183 luftgekühlte Schlepper entstanden 1960 bis 1964, wovon 773 in den Export gelangten

Mit der Motorhaube des RS 14/46 versah der VEB IFA Schlepperwerk Nordhausen auch den Famulus 60. Für den großflächigen Einsatz auf den LPG-Feldern reichte die Zugkraft des Motors jedoch nicht aus.

VEB Schönebeck Geräteträger

Der VEB IFA Traktorenwerke Schönebeck ging aus der Maschinenfabrik FAMO und Weltrad hervor, wobei ein Teil des ausgelagerten Breslauer FAMO-Maschinenbestandes zur Neuausstattung verwendet wurde. Der ehemalige FAMO-Schlepper unter der Bezeichnung Pionier motorisierte auch von hier aus die ursprünglichen Maschinen-Ausleih-Stationen (MAS) der DDR-Landwirtschaft. 1953 folgte der Geräteträger RS 08 Maulwurf, der zu einer immer perfekteren Konstruktion verbessert wurde. Mit dem ab 1961 entwickelten Zugtraktor ZT begann Schönebeck 1967 mit der ausschließlichen Schlepperfertigung in der DDR.

SCHNITTBILD VOM GERÄTETRÄGER RS 09

1 Lenkgetriebe
2 Vorderachskonsol
3 Hydraulik-Arbeitszylinder
4 Längsträger
5 Lenkrad
6 Lenkradanschluß für Rückwärtsfahrt
7 Lenksäule
8 Hydraulik-Verteiler
9 Hydraulik-Leitung
10 Teleskoplenksäule
11 Gruppenschaltung
12 Stufengetriebe
13 Zapfwellenschutz
14 vordere Zapfwelle
15 Zapfwellengehäuse
16 Fahrersitz
17 Fahrscheinwerfer mit eingebauter Schlußleuchte
18 Motor
19 Wendegetriebe
20 Fahrkupplung
21 Zugschiene
22 Ausgleichgetriebe
23 hintere Zapfwelle mit Vorsatzzapfwelle
24 Endvorgelege

5

Auf einem Zentral-Kastenrahmen war der Maulwurf-Geräteträger RS 09 mit zunächst 18 PS aufgebaut. Der Prospekt behauptete, daß »der Geräteträger auch bei schwierigem Gelände niemals kapituliert«...

Der H. Wesseler OHG Schlepper- und Fahrzeugbau in Altenberge/Westfalen stützte sich 1948 auf einen Zweizylinder-Vorkriegstyp. Ein breites Programm an Blockbauart- und Tragschleppern entstand danach mit MWM-Motoren; ein Geräteträger-Modell rundete die Palette ab. 1966 kam das Ende dieser Traktorenbaureihen.

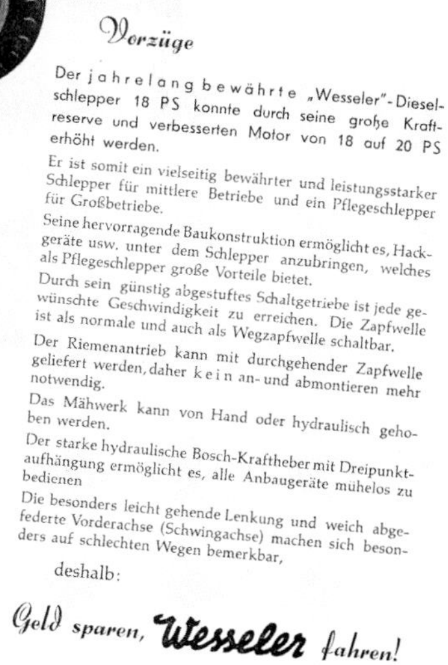

Vorzüge

Der jahrelang bewährte „Wesseler"-Diesel-
schlepper 18 PS konnte durch seine große Kraft-
reserve und verbesserten Motor von 18 auf 20 PS
erhöht werden.

Er ist somit ein vielseitig bewährter und leistungsstarker
Schlepper für mittlere Betriebe und ein Pflegeschlepper
für Großbetriebe.

Seine hervorragende Baukonstruktion ermöglicht es, Hack-
geräte usw. unter dem Schlepper anzubringen, welches
als Pflegeschlepper große Vorteile bietet.

Durch sein günstig abgestuftes Schaltgetriebe ist jede ge-
wünschte Geschwindigkeit zu erreichen. Die Zapfwelle
ist als normale und auch als Wegzapfwelle schaltbar.

Der Riemenantrieb kann mit durchgehender Zapfwelle
geliefert werden, daher kein an- und abmontieren mehr
notwendig.

Das Mähwerk kann von Hand oder hydraulisch geho-
ben werden.

Der starke hydraulische Bosch-Kraftheber mit Dreipunkt-
aufhängung ermöglicht es, alle Anbaugeräte mühelos zu
bedienen

Die besonders leicht gehende Lenkung und weich abge-
federte Vorderachse (Schwingachse) machen sich beson-
ders auf schlechten Wegen bemerkbar,

deshalb:

Geld sparen, Wesseler fahren!

»Geld sparen – Wesseler fahren« warb ein Motto von Wesseler. Ein anderes ließ den Käufer wissen: »Der Wesseler-Schlepper, der hat, was er verspricht!«

Motor:
Luftgekühlter MWM-Zweizylinder-Viertakt-Dieselmotor, 20 PS, Drehzahl 2200 Upm., Zylinderbohrung 90 mm, Hub 110 mm. Hubraum 1400 ccm mit Axialgebläse, direkte Einspritzung mit Kolbenbrennraum, Druckumlaufschmierung mit Oeldruckkontrolle, Oelbadluftfilter, Fernthermometer, Schmieröl- und Kraftstoffilter, Drehzahlverstellung durch Fuß- und Handregulierung.

Kraftstoffverbrauch:
ca. 1,3 Liter/Arbeitsstunde im Durchschnitt.

Getriebe:
Schaltgetriebe vollkommen in Ölbad laufend. mit 6 Vorwärtsgängen, davon 1 Kriechgang und 1 Rückwärtsgang. Hinterachse in Öl laufend, kräftige Differentialsperre für Handbetätigung und automatischer Ausschaltung, durch Portalachse große Bodenfreiheit.

Zapfwelle:
1 Zapfwelle hinten, doppelt schaltbar, normal und gangabhängig, Drehzahl normal 590 U/min. (Keilwellenprofil DIN 9611).
Sonderausrüstung vordere Zapfwelle zum Antrieb der Arbeitsgeräte.

Riemenantrieb:
Mit oder ohne durchgehende Zapfwelle, Drehzahl der Scheibe 1400 U/min., Durchmesser 180 mm, Breite 140 mm.

Lenkung:
Kräftige leichtgehende Schneckenlenkung in Öl laufend, mit starkem Lenkeinschlag.

Bremsen:
Starkwirkende Fußbremse, Einzelradlenkbremse und feststellbare Handbremse

Geschwindigkeiten:	0,5 – 1,4 km/h
1. Gang (Kriechgang)	2,7 km/h
2. Gang	4,5 km/h
3. Gang	7,4 km/h
4. Gang	11,6 km/h
5. Gang	20,0 km/h
6. Gang	3,7 km/h
1. Rückwärtsgang	

Geräteträger und Ackerschlepper zugleich war der 1956 vorgestellte WLG 20 Ackermeister. Eine farbliche Hervorhebung der MWM-Buchstaben am Motorblock sollte die solide Motorausstattung gegenüber dem Lanz Alldog unterstreichen.

Auch die Hubert Zettelmeyer AG, Maschinenfabrik und Eisengießerei in Konz bei Trier stellte 1949, nach Behebung der Demontageschäden, den Vorkriegs-Zweizylindertyp wieder auf die Räder. Der hieraus entwickelte Autoschütter hatte aber größeren Erfolg, weshalb sich Zettelmeyer ab 1954 ganz auf den Baumaschinenbereich konzentrierte.

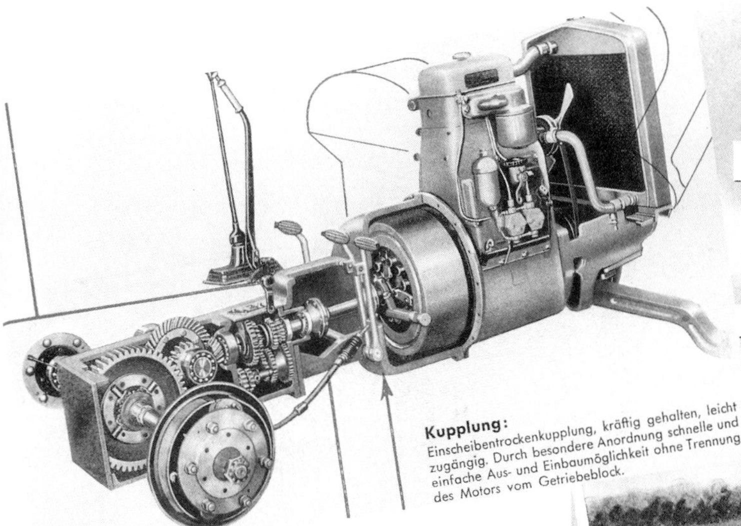

Bis auf den Deutz-Motor fertigte Zettelmeyer die mechanischen Teile für den Z1 in Eigenarbeit, dessen Konstruktion auf ein Vorkriegsmodell zurückging. Die Haube mit den zwei kastenförmigen Lüftungsgittern ließ den Schlepper des Baujahres 1951 recht modern erscheinen.

Deutsche Traktoren-Hersteller 1946-1966

Abele u. Co., Wasseralfingen, 1949
Agria-Werke GmbH, Möckmühl/Württ., 1954-heute
Allgaier-Maschinenbau GmbH, Uhingen/Württ., 1946-1956
Autowerke Salzgitter (AWS), Salzgitter, 1950
Josef Bautz GmbH, Landmaschinenfabrik, Saulgau/Württ., 1948-1963
Bayerische Landmaschinen- und Kraftfahrzeug GmbH, Wolfratshausen (Alpenland), 1948-1954
Bayerische Traktoren- und Fahrzeugbau GmbH, München, 1950-1961
Ludwig Betz, Köln-Dünnwald, 1948-1949
Bischof-Werke KG, Recklinghausen, 1951-1954
Gebr. Boehringer GmbH, Werkzeugmaschinenfabrik, Göppingen, 1948-1950
Carl F. W. Borgward GmbH, Automobil- u. Motorenwerke, Bremen, 1953-1955
Fritz Buchholz, Liebenau b. Hannover, 1949-1950
Bungartz u. Co. Maschinenfabrik GmbH, München,1934-1974
J. E. Burischek, Maschinen- u. Schlepperbau, Breitenbrunn b. Mindelheim, 1951-1959
Martin Burzler, Treuchtlingen/Bayern, 1951
Gebr. Claas OHG, Maschinenfabrik, Harsewinkel, 1956-1958
Daimler-Benz AG, Stuttgart-Untertürkheim, 1950-heute
Johann Demmler, Wertingen, 1948-1951
Deuliewag Maschinen- u. Apparatebau GmbH, Lübeck-Siems, 1948-1952
Deutsches Landwerk GmbH, Reutlingen, 1949-1954
Dolmar Maschinenfabrik, Hamburg, 1949-1952
Dreyer, 1964
Gebr. Eicher Traktoren- u. Landmaschinen-Werke GmbH, Forstern b. München, 1937-heute
Hermann Eicker, Essen, 1951-1955
Fahrzeugbau Christian Ensinger, Michelstadt, 1948-1950
Franz H. Erkelenz Landmaschinenbau, Frankfurt/Main, 1949-1952
Maschinenfabrik Fahr AG, Gottmadingen, 1937-1964
FAUN-Werke, Neunkirchen a. Sand, 1949-1952
Fahrzeugfabrik Kannenberg KG (FAKA), Salzgitter, 1951
X. Fendt u. Co., Traktoren- und Werkzeugmaschinenfabrik, Marktoberdorf, 1928-heute
E. F. Frimann Vertriebszentrale, Mannheim, 1957
Otto Gaiser, Mitteltal/Schwarzwald, 1950
Güldner Motoren-Werke AG, Aschaffenburg, 1936-1969
August Gruse Maschinenfabrik, Aerzen, 1950
Gutbrod GmbH, Bübingen b. Saarbrücken, 1946-heute
F. X. Gutter Maschinenfabrik, Weißenhorn/Ulm, 1938-1959 (?)
Gebr. Hagedorn u. Co., Landmaschinenfabrik GmbH (Westfalia), Warendorf, 1931-1952
Hako-Werke Hans Koch u. Sohn GmbH u. Co. KG, Bad Oldesloe, 1930-heute
Hannoversche Fahrzeugfabrik Frederik Karl Hoffmann & Co., Hannover-Laatzen, 1949
Hannoversche Maschinenbau AG (Hanomag), Hannover, 1912-1966
Hatz Motorenfabrik GmbH, Ruhstorff/Rott b. Passau, 1939-1964
Walter Hofmann, Hamburg, 198-1953
Gebr. Holder Maschinenfabrik GmbH, Metzingen/Württ., 1930-heute
H. Hütter, Maschinenfabrik, Hamburg, 1939-1951
A. Hummel u. Söhne, Landmaschinen- und Fahrzeugbau, Heitersheim, 1952-1966
International Harvester Company mbH (IHC), Neuss, 1937-heute
Iruswerke J. Rilling u. Söhne, Dusslingen/Württ., 1950-1966
Kämper-Motoren AG, Berlin-Marienfelde, 1949-50
Gottfried Kelkel Fahrzeugbau, Tamm, 1948-1956
Josef Kelkel Fahrzeugbau, Tamm, 1937-1953
Paul Kiefel Maschinen- u. Fahrzeugbau, Piding/Obb., 1946-1953
Wilhelm Klauder Schlepperfabrik, Maria Tann/Allgäu, 1949-1952
Klöckner-Humboldt-Deutz AG, Köln, 1907-heute
Kurt Kögel, Maschinen-Vertriebs GmbH, München, 1949-1954
Gebr. Kramer GmbH, Überlingen u. Gutmadingen, 1925-1987
Krieger KG, Landmaschinen- und Fahrzeugbau, Rhodt unter Rietburg, 1958-heute
Josef Krümpel, Wettringen, 1949-1950
Landmaschinenfabrik Karlsruhe-Durlach, Karlsruhe-Durlach, 1949
Heinrich Lanz AG (ab 1960 John Deere), Mannheim, 1912-heute

Schlepperfabrik Hermann Lanz GmbH (Hela), Aulendorf/Württ., 1929-1979
Lauren-Motor-GmbH, Flensburg, 1951-1955 (?)
Legner, Hipfelham, 1949
Linke-Hofmann AG, Salzgitter-Watenstedt, 1949-1956
Maschinenfabrik Augsburg-Nürnberg AG (MAN), Nürnberg, 1921-1964
Manhardt Landmaschinenbau, Wutha/Thür., 1957
Otto Martin, Bayerische Landmaschinenfabrik AG, Ottobeuren, 1936-1949
Eduard Mayer, 1950
Metallwerk Creussen, Creussen/Ofr., 1949-1955
MIAG Mühlenbau und Industrie AG, Frankfurt a. Main, 1936-1952
Motorenfabrik München-Sendling, München-Sendling, 1909 - 1957
MULAG Fahrzeugwerk Heinz Wössner KG, Bad Peterstal-Griesbach, 1957-ca. 1980
Norddeutsche Traktorenfabrik Franz Westermann, Hamburg, 1947-1956
Normag-Zorge GmbH, Zorge u. Hattingen, 1947-1957
Orenstein & Koppel - Lübecker Maschinenbau AG, Düsseldorf, 1950-1954
Karl Peschke KG, Zweibrücken, 1962 (?)
Ernst Platten u. Söhne KG, Fahrzeugbau, Bad Peterstal, 1959-heute
Porsche-Diesel-Motorenbau GmbH, Friedrichshafen, 1956-1964
Primus Traktoren-Gesellschaft Co. KG, Miesbach/Obb., 1947-1960
Erich Röhr Maschinenfabrik GmbH, Passau, 1948-1955
Karl Ritscher GmbH, Sprötze b. Hamburg, 1920-1964
Rotenburger Metallwerk, R. Stierlen KG, Schweinfurt, 1950-1955
Ruhrstahl AG, Annener Gußstahlwerk, Witten/Ruhr, 1951-1954
Karl Schaeff, Langenburg/Württ., 1951
Schanzlin Maschinen und Traktoren GmbH, Weisweil/Baden, 1952-heute
Motorenfabrik Anton Schlüter München GmbH, München-Freising, 1937-1993
Schmiedag AG, Hagen, 1954-1961
Maschinenfabrik H. Schmotzer GmbH, Bad Windsheim, 1920-1975
Hermann Schneider Maschinen- und Geräteträgerbau GmbH u. Co. KG, Tamm, 1960-heute
Maschinen- und Traktorenbau Schneider, Warngau/Obb., 1949
Andreas Stihl Maschinenfabrik KG, Waiblingen, 1948-1963
Hans Ströbele, Ottobeuren, 1948
Sülchgau-Maschinenfabrik, Alfons Schultheiss, Rottenburg/Neckar, 1948
Ig. Sulzer, Maschinen- und Fahrzeugbau, Harthausen b. Augsburg, 1952-1961
Taunus Traktoren Ing. F. Lauche, Frankfurt a. Main, 1949
Maschinenfabrik Bernhard Teupen OHG, Ochtrup, 1959
Titus-Traktorenbau Peter A. Titus, Worms, 1949-1959
Trabant Traktorenbau GmbH, Hamburg, 1949-1950
A. J. Tröster Landmaschinenfabrik, Butzbach, 1954-1960
Ursus-Traktoren-Werk GmbH, Wiesbaden, 1947-1957
VEB ABUS-Werk, Nordhausen, 1948-1949
VEB Horchwerke, Zwickau, 1948-1951
VEB IFA Schlepperwerk Nordhausen, Nordhausen, 1949-1965
VEB IFA Traktorenwerk Brandenburg, Brandenburg, 1948-1950
VEB IFA Traktorenwerke Schönebeck (ab 1990 Land-Technik Schönebeck), Schönebeck/Elbe, 1949-heute
Karl F. Wahl Maschinenfabrik KG, Balingen/Württ., 1935-1962
Ernst Wanner, Wangen/Allgäu, 1949-1951
Fritz Weigold, Fahrzeugbau, Mannheim, 1949-1951
H. Wesseler OHG, Schlepper- u. Fahrzeugbau, Altenberge, 1938-1966
Fahrzeugbau Widmann, Waiblingen, 1950
Otto Wimmer, Sulzbach a. Inn, 1948 (?)
Wolfenbütteler Traktoren GmbH, Wolfenbüttel, 1949-1950
WUMAG-Waggon- und Maschinenfabrik GmbH, Krefeld-Linn, 1948
Hermann Zanker KG, Maschinen- u. Metallwarenfabrik, Tübingen, 1949-1950
Hubert Zettelmeyer AG, Maschinenfabrik und Eisengießerei, Konz b. Trier, 1936-1954
E. A. Zogbaum, Landmaschinen, Kfz, Hamburg, 1950